100년
대한민국의 파트너,
외국인
1919~2019

100년
대한민국의
파트너,
외국인

1919~2019

공직자전문성제고 저서갖기운동본부 엮음

NODE MEDIA
노드미디어

"공직자가 책 쓰기로 세상과 소통하며,
스마트한 사회로 변화하는
주체가 되길"

과학 기술의 발달이 우리에게 안겨주는 이익은 참으로 다양하다. 의료, 교통, 주거 등 우리 생활의 많은 영역에서 변화를 일으키고 있다. 특히 정보통신의 발달은 지구 반대편에 있는 사람들과 실시간으로 여러 명과 동시에 화상 통화하는 기술, 음성을 텍스트(문자)로 변환해 주는 기술, 서류 문서작업을 여러명이 공유하며 작업할 수 있는 기술 등 인터넷 환경에서의 일하는 방식이 거의 혁명적으로 바뀌고 있다.

이런 상황에서 '공직자전문성제고 저서갖기운동본부'(이하 '공저본'이라 함)에서는 공직자는 물론 우리나라 모든 국민들의 생활을 윤택하게 하고, 사회활동에 적극적인 참여를 유도하며, 성공적인 노년을 가져올 수 있는 방안으로, 우선 스마트폰을 통한 스마트워킹 방식의 책 쓰기 운동을 펼치고 있다.

공직자는 물론 퇴직공직자, 민간전문가 등 누구든지 스마트폰으로 자신의 영역에서 일하는 방식을 바꾸고, 자신이 가진 생각들을 정리하여 책과 글로 편찬할 수 있도록 하자는 것이다.

사회에서 경험한 지식과 기술, 경륜 등을 보다 효율적으로 발휘하게 하고, 국가 사회적으로 이런 경험을 정리한 노하우가 국정운영에 반영될 수 있다면 이보다 큰 재산은 없을 것으로 생각한다.

공무원, 공기업, 출연기관 등의 전·현직 공직자와 장관, 국회의원, 지방의회의원, 지방자치단체장 등 전문 분야에 계신 분들이 사회에 기여할 수 있는 실천적 방안의 하나인 '저서 갖기' 캠페인에 참여해 주시길 기대한다.

스마트폰을 활용하여 책을 쓸 수 있는 기회와 동기가 부여된다면 4차 산업혁명

과 글로벌라이제이션 4.0 시대의 한국사회의 비약적 발전에 이정표적인 영향을 미칠 수 있을 것이다. 이는 고령화 시대에 접어든 우리 사회에서 어르신들이 다시 세상에 나오는 계기가 될 것이며 그분들의 삶의 만족도도 크게 향상시킬 수 있게 될 것이다.

스마트폰을 통해 자신이 보유한 능력을 최적화하고, 사회적 활동에 적극적으로 참여할 수 있기를 희망하며, 제1기 스마트폰을 이용한 스마트워킹 교육과정에 참여한 분들의 열정과 노고에 깊이 감사한다.

이 책은 지난 100년 동안 우리 민족과 함께 동고동락해온 외국인 가운데 16인을 선정하여, 그들의 출생, 한국에서의 생활, 후대에 끼친 영향 등을 중점으로 서술하였다. 우리나라의 250만 체류외국인과 함께 평화로운 삶의 공동체를 지향하는데 나침반이 되고, 우리나라의 미래에 희망을 제시하며 국정운영에 길잡이가 되었으면 좋겠다. 스마트한 사회로 변화하고 발전하는 주체가 되었으면 한다.

끝으로 세종로국정포럼 산하에 공저본을 기획하고 발족하도록 하신 박승주 공저본 이사장(전 여성가족부차관)님을 비롯하여 장동익·가재산 두 분의 지도교수님, 그리고 글쓰기에 참여해준 1기생 여러분께 감사드린다.

여러분의 가정에 사랑과 기쁨이 넘치길 희망한다.

2019년 4월 1일

공직자전문성제고 저서갖기운동본부 회장 박동명

"일하는 방식의 혁명을 촉진, 대한민국의 세계주도국가로서 도약에 기여"

공저본은 2018년 12월 27일 창립총회를 개최하고 임원 선임과 정관 작성 등 제반 절차를 거쳐 2019년 1월 9일 설립등기를 완료함으로써 발족되었다. 그 첫 사업으로 제1기 스마트폰을 통한 스마트워킹, 일하는 방식의 혁명 교육을 2019년 1월 12일부터 2월 16일까지 실시하여 25명의 강사를 배출하였다.

공저본의 목적은 입법부, 사법부, 행정부, 교육계, 지방자치단체, 공기업 등 대한민국 60만 공직자를 대상으로 각자의 전문성 제고를 해 스마트폰을 통한 저서 발간과 쉽게 저서를 발간하는 방법을 교육하고 캠페인하여 세계적인 지식과 지성이 대한민국 공직에 접목되어 옳은 정책으로 제시되도록 지원하는 데 있다.

아울러, 시대적 흐름인 인공지능과 클라우드 기반의 스마트워킹(Smart Working)으로 공직사회의 일하는 방식의 혁명을 촉진하여 대한민국이 세계 주도 국가로서 도약하는 데 기여함을 목적으로 하고 있다.

공저본은 공직자를 대상으로 저서 갖기 캠페인과 저서 발간 업무 지원, 공직자 연수기관과 직장교육 등에서 저서 발간 필요성 교육, 국가와 지방자치단체 등 각급 기관과 단체에 스마트워킹 교육과 강의교수 양성, 세미나와 워크숍 개최, 입법부·행정부·사법부·지방자치단체·공기업 등과의 업무 협조 등이다.

창설위원으로는 회장 박동명(세종로국정포럼 지방자치전문위원장), 이사장 박승주(전 여성가족부 차관), 상임이사에 권영임(도서출판 바람꽃 대표, 소설가), 김완수(국제사이버대학교 교수), 김원숙(전 이민정책연구원 부원장), 문영상(숭실대 소프트공학과 교수), 이건순(전 국립농수산대학교 교수), 이선희(수락고 미술교사), 이정은(휴먼브랜드 인컨설팅 대표), 장황래(동국대 경주캠퍼스 행정학과 교수), 허남식(공저본 상임이사), 황재민(세종로국정포

럼 차세대교육위원장)이다.

　감사는 박길성(자치경영컨설팅연구소 소장)이고, 우리나라에서 처음으로 스마트폰을 통한 스마트워킹 방식으로 책글쓰기를 주창한 가재산 피플스그룹 회장과 장동익 상임고문이 지도교수로 교육을 주관하고 있다.

　금년은 대한민국의 출발점이 되는 3·1운동과 대한민국 임시정부 수립 100년이 되는 해이다. 이러한 뜻깊은 해에 스마트폰교육 과정을 1기로 수료한 분들이 『100년 대한민국의 파트너, 외국인』이라는 책자를 발간하게 된 것은 매우 중요한 의미가 있다고 생각한다.

　우리는 모두 애국선열들과 함께 한국을 사랑한 외국인들의 피와 땀, 정신을 소중하게 기억하고 기념하며, 대한민국 100년의 발전과정을 성실하게 성찰하고, 나아가 다문화 시대의 미래 100년을 국민과 외국인이 공존하는 평화로운 공동체를 설계하여야 한다.

　다시 한번 『100년 대한민국의 파트너, 외국인』 책자 발간을 축하드리며, 박동명 회장을 비롯하여 글쓰기에 참여하여 주신 모든 분들에게 감사드린다. 끝으로 글로벌 다문화 시대를 맞이하여 외국인과 진정으로 소통하고 따뜻한 이웃이 되기 위하여, 국민과 세계인 모두에게 시의 적절한 이 책을 추천한다.

2019년 4월 1일

세종로국정포럼 공저본 이사장(전 여성가족부차관) 박승주

차례 ●

제1부

내가 죽거든
한국 땅에 묻어주오

프랭크 윌리엄
스코필드

Frank William Schofield, 石虎弼

한국시민자원봉사회 사무총장(전 서울동신중 교장) 류인선

국립묘지에 안장된
스코필드

2019년 올해는 3·1운동 100주년이 되는 해이다. 우리 헌법 전문 前文에도 있듯이 3·1운동을 계기로 대한민국 임시정부가 수립되어 수많은 독립투사, 애국지사들의 존귀한 희생을 통하여 1945년 8월 15일에 광복이 되었다.(참고문헌: 헌법재판소, 『알기 쉬운 헌법』, 헌법재판연구원, 2012, 178.)

식민지 시대에 우리의 독립을 위하여 헌신한 외국인도 많이 있었다. 그 중에서 특히 '민족대표 34인'으로 불리는 스코필드박사는 우리가 잊어서

는 안 되기에 그의 업적에 대하여 알아보
는 것은 뜻깊은 일이라 생각된다. 이 글은
이장락, 『민족대표 34인 석호필 프랭크 윌
리엄 스코필드』(바람출판사, 2007)와 양성현,
전미경, 『프랭크 스코필드박사와 한국』(한
국고등신학연구원, 2016)을 주로 참고하여 정
리하였음을 밝혀 둔다.

　1970년 4월 16일, 훌륭한 우리의 동료 한
명이 장엄한 장례식과 함께 한국사의 영웅들을 위해 마련된 국립묘지에
안치되었다. 서양인이 한국의 국립묘지, 그 신성하게 선별된 땅에 안장
되었다는 사실은 이례적이며 특별하다. 많은 이들의 존경을 받는 그는 대
한민국의 공로훈장을 받았고, 3·1만세운동의 '34번째 참여자'로 알려졌
다. 그의 이름은 프랭크 윌리엄 스코필드Frank William Schofield이다. 그는
무슨 이유로 한국인들에게 그토록 큰 존경을 받았을까? 그는 왜, 그리고
어떻게 3·1만세운동의 '34번째 참여자'가 되었을까? 여기에서 그가 어떻
게 한국 현대사에서 큰 영향력이 있는 외국인이 되었는지를 설명하고, 그
것을 통해 그가 평생에 걸쳐 한국의 독립과 단결을 지원했음을 보여주고
자 한다.(양성현. 전미경, 2016)

출생과 성장

어린 시절 '프란시스 윌리엄 스코필드 2세Francis William Schofield, Jr.'라고도 불린 프랭크 스코필드는 1889년 3월 15일 영국 워릭셔 Warwickshire 럭비Rugby시에서 태어났다. 럭비스쿨Rugby School 초등부 수학교사였던 프란시스 윌리엄 스코필드Francis William Schofield와 미니 호크스포드 라일리 스코필드Minnie Hawkesfold Riley Schofield의 막내아들로 태어났다. 어머니는 출산한 지 며칠 만에 세상을 떠났다. 아버지는 철저한 기독교 신자이자 청렴한 교육자였으며 자녀에 대해서는 지나칠 정도로 엄격했다. 프란시스는 집에서 6km 떨어진 매너스 스쿨Manners School 이라는 사립초등학교를 다녔는데, 친구들과 어울려 놀기를 몹시 좋아했다. 1905년에 중·고등과정을 마쳤으나, 돈이 없어서 대학 진학을 하지 못했다. 아버지는 제힘으로 돈을 벌어서라도 공부를 더 하도록 힘쓰라고 타이르면서 우선 직장을 구해 보라고 하였다.(이장락, 2007, 140)

열일곱 살에 집을 나와 런던에서 멀리 떨어진 쳐셔주 농장을 비롯한 또 다른 농장에서 대학 진학에 필요한 돈을 모았다. 농장에서 일하는 동안 함께 일하던 사람들로부터 가치 있는 일을 많이 배웠다. 프랭크는 어려운 사람들을 진정으로 이해하고 돕기 위해서는 무슨 일이 있더라도 자기가 힘을 가져야겠다고 믿게 되었다. 그런 뜻에서 그는 꼭 대학교육을 받겠다는 마음을 굳게 먹었다.

프랭크는 영국에서는 이루어질 것 같지 않은 푸른 꿈을 위해 비교적 가까운 영국 영토인 캐나다로 갔다. 지나치게 보수적인 영국과 달리 캐나다는 까다로운 격식에 얽매이지 않는 자유의 신천지였다. 그동안 모은 돈으로 토론토 대학 온타리오 수의과 대학에서 고학으로 열심히 공부했다. 1911년 토론토 대학에서 수의학 박사학위를 받았다. 수의학을 공부하게 된 계기는 농장에서 일할 때 기르던 말이 병이 들어 위독했는데, 수의사가 익숙한 솜씨로 말의 생명을 구하는 것을 보았기 때문이었다. 스코필드는 대학시절 제대로 먹지도 못하면서 공부와 일에 하도 고생을 많이 해 팔다리가 마비되었다. 지팡이를 짚고 비장한 각오로 열심히 공부한 결과였다.

1912년에는 세균학연구소에서 기사로 승진하기도 하였다. 스물네 살 때인 1913년 9월에는 지인의 소개로 만난 피아노 전공의 앨리스Alice와 결혼했다. 프랭크의 비범한 재질을 인정한 그의 모교 온테리오 수의과대학은 1914년에 그를 불러들여 세균학 강사의 자리를 맡겼다. 온갖 고난을 이겨 가면서 배우던 바로 그 교실에서 강의한다는 것은 즐거우면서도 감격적인 일이 아닐 수 없었다.(이장락, 2007, 154쪽)

한국에 들어온 계기

아버지가 재직하는 클리프대학 제자인 여병현으로부터 처음으로 코리아에 대해 들었다는 프랭크는 1916년 세브란스 의학전문학교 교장 애비슨O. R. Avison박사로부터 다음과 같은 편지를 받고 한국으로 오게 되었다.

안녕하십니까? 저는 서울 세브란스 의학전문학교의 운영책임을 맡고 있는 애비슨입니다. 세브란스 의학전문학교는 1909년에 세워진 코리아 최초의 의학교육 기관으로서 사회에 크게 이바지하고 있습니다. 이 학교를 잘 운영한다는 것은 저에게 크나큰 사명입니다.

하지만 지금까지 이 학교에는 세균학을 가르칠 교수님이 없어서 그것이 고민입니다. 세균학을 잘 아는 사람은 더러 있어도, 이역만리 코리아까지 세균학을 가르치러 올 사람은 그리 흔하지 않기 때문에 박사님께 크게 도움을 받고자 이렇게 편지를 드립니다. 이곳에서 교편을 잡는다는 것은 어려운 생활환경을 극복해낼 수 있는 강한 인내심을 가진 사람이어야 합니다. 또한 우리 학교는 선교사업을 겸하고 있으니 기독교 정신에 투철해야 합니다. 토론토대학의 여러 친구들에게 들은 자로는 박사께서 저희가 찾고 있는 바로 그분이 될 수 있다는 생각이 들었습니다. 저를 도와준다고 생각하지 마시고, 아직 잠에서 깨어나지 못한 코리아를 도와준다는 생각으로 이곳에 와 주셨으면 합니다. 근무계약은 4년에 한 번씩 갱신하게 됩니다. 어쩐지 박사께서 꼭 오실 것 같다는 생각이 듭니다.(이장락, 2007)

편지를 읽고 스코필드는 코리아에 가고 싶은 마음이 들어 직장 동료들에게 뜻을 밝히자 모두들 반대하였다. 그럼에도 불구하고 인류의 행복을 위해 일할 수 있는 절호의 기회라 생각하고 코리아로 가기로 결심하였다.

나도 전체 인류의 행복을 위해서 일해 보자. 내가 일할 곳이 이역만 리 코리아면 어떠랴. 하나님은 민족과 국가를 초월해서 온 인류에게 골고루 은혜를 베풀고 계시지 않는가. 듣건대 코리아는 지금 강제로 일본에 합쳐져 있다고 한다. 거기에는 약하고 어려운 사람이 더욱 많 이 있을 것이다. 이번 기회는 하나님이 약하고 어려운 사람을 돕겠다 는 나의 평소의 신념을 시험해 보시려고 만드신 것임에 틀림없다. 하 나님이 나에게 주시는 시련이라면, 그 무엇을 두려워하랴. 가자! 코 리아로, 그곳에서 민족을 초월하여 맘껏 일해 보자!(이장락, 2007)

한국에서의 생활

스코필드가 세브란스에서 담당할 과목은 세균학과 위생학이었 다. 한국어를 배운 지 일 년 만에 '선교사 자격 획득 한국어 시험'에도 합 격했다. '석호필石虎弼'이라는 한국식 이름도 지었다. 한국말을 배운 스코 필드는 매사에 신이 났다.

스코필드는 한국에 있는 동안 한국역사에도 관심을 가졌다. 1910년에 왜 일본의 지배하에 들어갔는지, 일본 식민지 정책의 혹독함과 무단통치 하에서 고통스럽게 지내면서 원한을 풀기 위해 무엇을 해야 하는지 등등을 자세히 알고 있었다.

스코필드는 새벽부터 밤늦게까지 학생들의 실험 실습을 도와주었으며, 또한 학생들에게 민족과 나라를 위해 해야 할 일을 수시로 강조하였다. 나라의 미래를 이끌어나갈 젊은 학생들이었기에 국제 정세의 변화도 일러주었다.

선교사가 된 뒤에도 시간이 날 때마다 서울 근교의 마을을 돌면서 전도에도 정성을 기울였다. 나라의 소중함을 알고 민족을 사랑하는 사람들을 찾아가 다정하고 흉금 없이 지내기도 하였다. 또한 영어 성경반에서 많은 젊은 학생들에게 세브란스 의학전문학교에서 강의할 때와 같이 외국의 사정은 물론 한국 학생들이 해야 할 일 등도 구체적으로 이야기해주곤 했다. 스코필드의 이야기를 듣는 학생들은 언제나 감동적이고 진지한 표정이었다.

3·1운동 민족대표가 되다

서로 알고 지내던 세브란스 의학전문학교 학생 이갑성이 1919년 2월 5일 저녁 늦게 스코필드를 찾아왔다. 한동안 초조해 보이고 심란한 표정을 짓던 이갑성은 중요한 부탁을 하러 왔다고 했다.

이갑성은 평안북도 선천기독병원에 파견된 장로회 선교사 알프레드

샤록스Alfred M. Sharrocks 박사로부터 전해 들은 이야기를 하기 시작했다. 샤록스 박사는 윌슨 대통령이 제의한 14개 조의 평화원칙과 곧 개최될 파리강화회의를 한국인들이 자신의 처지를 온 세계에 알릴 좋은 기회라는 점을 일깨워 주어야 한다고 했다. 또한 미국 워싱턴에서는 한국 민족의 독립을 위해 많은 독립투사들이 활동하고 있다고 했다.

이어서 이갑성은 3월 1일 한국의 독립을 위한 전국적인 평화 시위 계획이 진행되고 있다고 했다. 스코필드는 이 계획의 진행 과정과 성격에 대하여 자세히 들었다. 스코필드의 역할 즉, 자신을 외부세계와 연결하는 고리로 시위 핵심 구성원들이 선택했음을 알려주었다. 무력으로 무장한 일본군을 생각할 때 성공 여부가 다소 회의적이기는 하였으나, 스코필드는 기꺼이 힘껏 도와주기로 하였다.

이렇게 이갑성의 제의에 의하여 중요한 임무를 맡게 되었고, 한국의 독립운동을 이끈 33명의 지도자에 더하여 스코필드는 삼일만세운동의 '34번째 참가자'로 인정되었다.

스코필드의 임무는

첫째, 3월 1일까지 파리강화회의 개최와 관련 있는 일들과 회의의 잠재적 결과에 관한 세계 여론의 영어 보도

둘째, 한국과 같은 식민 국가가 받을 영향과 국제문제에서 일본의 새로운 역할에 관한 세계여론 등을 번역하여 한국 단체에 전달

셋째, 삼일만세운동 학생 대표들이 자신의 숙소에서 비밀 집회를 가질 수 있도록 허용

넷째, 후세대를 위해 3월 1일의 상황 촬영 등이다.

민족대표 제34인 스코필드의 주요 활동으로는

첫째, 기미년 3월 1일 오후 2시에 만세운동계획을 미리 알고 있던 스코
필드는 자기의 임무를 치밀하게 정리하고 있었다.

둘째, 카메라를 메고 재빨리 탑골공원 정문을 향해 달려갔다. 함성과
함께 노도와 같이 밀려오는 태극기의 대열을 열심히 촬영하기 시
작하였다.

셋째, 종로 거리 양쪽으로는 사람의 물결로 이어졌고, 그 주류는 정동
으로 돌아 소공동 언덕길 쪽으로 힘차게 나아갔다. 스코필드는
한 장면도 놓치지 않으려고 쉴 새 없이 셔터를 눌렀다. 그 후 만
세운동은 삼천리 방방곡곡으로 퍼져 나갔다.

스코필드는 일본 경찰에게 잡힌 학생들을 "그 학생은 내 집에서 일하
는 사람이오. 아무 죄 없소. 내가 지금 집에 데려가겠소.", 잡힌 여학생은
"그 여자는 우리 집 식모 아이요." 라고 빼 냈다. 이렇게 활동할 수 있었던
것은 당시 경찰국장인 마루야마에게서 받은 명함을 이용하여 일본 경찰
들에게 큰 소리를 쳤기 때문이다.

가슴 아픈 제암리와 수촌리

음력 3월 1일. 무장 경찰에 의한 혹독한 탄압으로 잠시 잠잠하던 독립
만세 시위는 다시 불같이 일어나기 시작하였다. 그러던 중, 4월 15일, 수
원군 향남면에 있던 제암리 교회에서 무고한 청년 약 30명이 학살되었
다. 일본군 중위 주도하에 자행된 학살 만행은 끔찍하였다. 4월 17일 이
소식을 들은 스코필드는 분개하여 훗날을 위하여 삼엄한 경계를 뚫고 들
어가 사건 현장을 세밀하게 조사하고 사진 촬영을 하였다. 이렇게 해서

사라질 뻔했던 '제암리 만행'이 사진으로 남겨졌다. 그 후에 그가 직접 포악한 일본의 만행을 널리 국외에 소개하여 그 잔악상을 알렸다.

수촌리에서의 잔악행위도 차마 말로 다 표현 못 할 지경이었다. 마을의 모든 초가집들은 불에 타고 주민들은 총검에 의하여 학살되고 부상을 당했다. 이 모든 상황을 스코필드는 쓰린 가슴을 억누르고 기록과 사진으로 남겼다.

서대문 형무소의 만행 폭로

한국에 있는 외국인에게 홍보용으로 작성한 서울프레스의 「서대문 형무소 방문기」를 읽은 스코필드는 어이가 없어 가끼하라 형무소장을 찾아가 허무맹랑한 기사라고 항의하여 서대문형무소를 방문할 기회를 얻었다. 이곳에서 세브란스 병원 간호사였던 노순경, 이화학당의 유관순 등을 수시로 면회하여 그들이 지나친 고문을 받고 있는 것을 알았다. 곧 총독부로 달려가 정무총감 미즈노를 만나 무참한 고문을 안 하겠다는 약속을 받기도 했다.

다음은 스코필드가 익명으로 "어느 독자로 부터의 편지"라는 제목으로 서울프레스에 투고한 내용이다.

1,000명이 죽고, 1,500명이 다치고, 1,000명이 투옥당하고 250,000명이 만세 시위에 참가하고 20명이 불에 타죽고, 1,000명이 집을 잃고, 그리고 16,000,000명이 공포정치에 벌벌 떠는 대가가 과연 무엇이란 말인가! 아직은 아무도 알지 못한다. 그러나 모든 사람이 그것은 자유를 위한 것임을 믿고 있다. 위의 숫자는 헤아릴 수 없

이 막대한 피해를 대강, 그것도 적게 잡아 본 것에 지나지 않는다. 전체 피해를 합친다면 그 숫자는 놀랄 만한 것이 될 것이다. 그러나 이 땅에는 아직껏 자유라는 것이 거의 없다. 이번일은 한국 사람들에게 잘못이 있는 것이 아니니, 관대하게 판결해야 할 것이며, 또한 불필요한 위엄은 결코 부리지 말 것을 부탁한다. 그렇지 않을 때는 일본은 앞으로 지금의 한국이 당하는 괴로움보다 더욱 큰 괴로움을 당하게 될지도 모른다. 한국과 일본의 미래 우의를 위해서 일본이 채찍질을 호되게 하지 말 것을 강조하고 싶다.(이장락, 2007)

우리 민족사적인
의미에서의 의의

한국 땅에 잠드시다

한국 체류 기간이 종료되어 가면서도 계속 한국에 남아 있고 싶었으나, 생존을 위협받는 일 등으로 인하여 캐나다로 떠났다가 1958년 8월 14일에 대한민국 국빈으로 돌아왔다. 그 후에 다시 한국을 위하여 온몸을 다 바쳤다.

1970년 4월 12일 국립 중앙의료원 병실에서 영면하셨으며, 4월 16일 국립묘지 애국지사 묘역에 안장되었다.

다시 생각해보는 스코필드

3·1만세운동을 계획한 이들로부터 중재자이자 전달자의 역할을 맡은 스코필드는 1919년 3월 1일, 이 역사적인 한국민족의 독립만세운동을 전 세계에 알렸다. 외국인으로서 일본의 잔악함과 불의를 참지 못하고 피해 자들의 원조에 온 힘을 다 바쳤다. 이러한 모습은 한국인들에게 하나의 상징이었으며, 그들은 큰 용기를 얻었다. 스코필드는 언젠가는 세계가 한국이 처한 상황을 알고 그들의 독립 투쟁을 지원할 것이라는 희망을 갖 고 있었다. 또한 한국인들의 독립운동을 적극적으로 지지하면서 한국인 들의 민족정신과 정체성을 깨닫도록 여러모로 힘썼다. 이러한 스코필드 의 깊은 동정심과 정의 사회 구현은 물론 복지에도 많은 관심을 갖고 있 다는 것을 한국인들은 알고 있었다.

끝으로

한국의 독립운동에 대한 스코필드의 영향에 대한 이갑성의 글로 마무 리 한다.

우리가 모이면 스코필드 박사는 우리를 지켜달라고, 독립을 되찾 게 해달라고 하나님께 기도했습니다. 진심에서 우러나와 우리를 적 극적으로 지원해준 외국인은 스코필드 박사가 유일합니다. 그를 통 해서 우리는 투쟁을 계속할 큰 용기를 얻었습니다. (양성현. 전미경, 2016)

참고문헌

이장락, 『민족대표 34인 석호필 프랭크 윌리엄 스코필드』, 바람출판사, 2007.

양성현, 전미경, 『프랭크 스코필드박사와 한국』, 한국고등신학연구원, 2016.

호머 베자릴
헐버트

Homer Bezaleel Hulbert

세종로국정포럼 영어회화위원장, (사)생활경제외국어협의회 회장 김경민

*"I WOULD RATHER BE BURIED IN KOREA THAN IN
WESTMINSTER ABBEY."*

나는 웨스트민스터 사원보다는 한국의 땅에 묻히고 싶다.

들어가는 글

조선이 일제에 고통받던 시절, 광복과 건국 그리고 전쟁, 산업
화와 민주화 등 주요 고비마다 헌신적인 도움의 손길을 건넸던 많은 외국
인들이 있었다. 그들 인생의 가장 중요했던 순간을 한국에서 겪었고, 한

국을 사랑했고 한국에 묻히기를 소망했다. 한 분 한 분 참으로 고맙고 소중한 분들이지만, 그중에서도 특히 호머 베자릴 헐버트Homer Bezaleel Hulbert는 자신의 조국보다 한국을 위해 더 헌신했고, 자기 민족보다 한국인을 더 사랑하여 우리에게 감동을 준다.

당대 최고의 지성이자 어문학자인 헐버트는 한글 암흑기에 한글 전용의 지평을 열고, 조선인 스스로도 모르는 조선의 혼을 깨우고, 조선의 미래를 예언하였다. 그는 조선에 대한 애정을 가지고 어려운 조선 현실을 잘 꿰뚫어 보고, 그것을 어떻게 이겨낼 수 있는지에 대한 방향과 방법까지 제시하고 있다. "한국인들에 대한 사랑은 내 인생의 가장 소중한 가치"라고까지 했다. 그는 한국학의 개척자이며 조선의 지식층에 근대사상을 고취해 신학문과 근대화에 큰 울림을 준 문명화의 선구자였다. 헐버트는 1886년 23세의 나이에 육영공원의 교사 자격으로 한국에 첫발을 내디딘 후 숨을 거둘 때까지 교육자로, 선교사로, 언론인으로, 역사가로, 외교자문관으로 평생을 한국에 바쳤다.

헐버트의 삶이야말로 '우리 젊은이들이 본받아야 할 본보기의 삶'이라는 확신으로 헐버트 기념사업에 정진하고 있는 헐버트기념사업회 김동진 회장의 저서 『파란 눈의 한국 혼』과 『헐버트 조선의 혼을 깨우다』(호머 헐버트 저서, 김동진 옮김)를 바탕으로, 어떻게 하면 짧은 시간에 한국인을 향한 헐버트의 열정과 삶을 이해할 수 있을까를 고민하며 헐버트 박사를 소개하고자 한다.

출생
그리고 성장환경

헐버트는 1863년 1월 26일 미국의 버몬트Vermont에서 목사이며
미들베리대학Middlebury College의 학장인 칼빈 헐버트Calvin Butler Hulbert
와 다트머스Dartmouth 대학의 창립자 후손인 어머니 매리Mary Woodward
Hulbert 부부의 둘째 아들로 태어났다. 칼빈주의의 엄격한 도덕성, 인간중
심 사상이 세속의 승리보다 더 중요하다는 신념의 가훈 속에서 성장했다.
1884년에 그의 외가가 설립한 미국 동부의 명문 다트머스Dartmouth대학에
서 히브리어를 수학한 다음 다시 명문 유니온Union신학교에 입학했으나
2학년 때 한국에 오기 위해 학업을 중단했다. 1888년 9월에는 그의 유니
온 신학교 시절의 친구인 한나May Belle Hanna와 결혼하였다.

한국과의
인연

구한말의 한국은 고종의 뜻에 따라 신교육 기관인 육영공원育
英公院을 설치하고 한국 주재 미국 공사인 푸트Lucius H. Foote에게 미국인

교사 세 명을 보내 줄 것을 요청했다. 푸트로부터 이러한 보고를 받은 미국 국무성 교육국장 이튼John Eaton은 지난날 친구인 칼빈에게 그의 아들을 한국에 보낼 것을 권고했다. 이를 계기로 헐버트는 1886년 7월 길모어 George W. Gilmore 부부, 그리고 벙커Dalzell A. Bunker부부와 함께 한국에 도착하게 되었다.

육영공원은 1882년 조미수호통상조약 체결 후. 고종이 서양학문의 중요성을 깨닫고 설립한 우리나라 최초의 근대식 국립학교로 양반 자제와 관리들에게 서양식 교육을 하기 위해 세워진 것이다. 조선 최초의 근대식 관립학교인 '육영공원育英公院'의 교사가 되기 위해 1886년 조선 땅을 밟은 헐버트는 조선 최초의 교사요 고종의 대미특사(1905)이자 헤이그특사(1907)인 독립운동가이며, 한글 운동가요 어문학자요 역사학자요 언론인이요 선교사였다. 그는 특히 근대 최초로 한민족의 말글, 문학, 예술, 역사를 깊이 있게 탐구한 한국학의 개척자이며, 정의, 인간애, 실용의 가치관으로 조선의 지식층에게 근대사상을 고취시켜 신학문과 근대화에 큰 울림을 준 문명화의 선구자이기도 했다.

그는 영어, 수학, 지리, 자연과학, 역사, 정치를 가르쳤다. 그러나 시간이 흐름에 따라 전통과 풍습의 차이가 격심한 데다가 대개의 생도들이 부패한 관리의 자식들로서 학업에 열성을 보이지 않자 한국에서의 육영 사업에 환멸을 느낀 나머지 1891년 12월 육영공원의 교직을 사임하고 유럽을 거쳐 귀국했다.

미국으로 돌아간 후에도 한국에의 꿈을 버리지 못한 채 오하이오주 State of Ohio의 푸트남 육군사관학교Putnam Military Academy of Zanesville에서 교편생활을 통해 한국에 관한 문필 생활을 계속하던 중, 한국에서 일하다가 1892년 7월에 일시 귀국한 아펜젤러H. G. Appenzeller 목사를 만나 한국에서 다시 봉사할 것을 권유받는다. 1893년 9월에 가족과 함께 재차 한국에 입국하여 감리교 선교사 자격으로 다시 선교활동을 시작하였다. 그는 배재학당에 봉직하기를 바라는 주위의 청을 물리치고 감리교계 출판사인 트릴링규얼Trilingual Press을 운영하기 시작했다. 그는 특히 한국의 문화와 정세를 소개하기 위해 1901년부터 감리교계 월간지인 「코리아 리뷰The Korea Review」의 편집을 주관하면서, 한국에 관한 글을 계속 발표하여 구미열강에 한국을 알리는데 큰 몫을 하였다. 이 월간지는 1906년까지 계속되었다. 신식 인쇄기가 들어오자 2년간 휴간했던 영문 월간지 '한국소식'을 다시 발행했다.

헐버트는 1903년 7월 YMCA의 창설과 함께 초대회장을 역임하면서 한국의 젊은이들에게 근대적 사회개혁의식을 고취시켰다. 1895년에는 최초의 영문소설 한국어 번역판 『텬로력뎡(천로역정)』을 출판했으며, 1896년 한국을 대표하는 전통 구전 민요인 '아리랑'을 최초로 채보하여(채보는 노래를 듣고, 악보로 만드는 것을 뜻한다) 외국인 선교사들에게 한국을 알리기 위해 만들어진 잡지인 '한국소식Korean Repository'에 아리랑 악보를 싣기도 했다. 일 년 후에는 서재필을 도와 독립신문 창간에 결정적인 역할을 했다.

헐버트는 미국이 콜럼버스의 아메리카 대륙 발견 400주년을 기념하여 1893년에 개최한 시카고세계박람회World's Columbian Exposition 기간에 열린 '컬럼비아국제설화학술회의The International Folk-Lore Congress of World's Columbian Exposition'에 참가하여 7월 13일 첫 번째 연사로 단군신화 등 조선 설화를 발표하였다. 이때 헐버트는 1891년 말 조선을 떠나 미국 오하이오주에 살고 있었다. 이는 헐버트가 미국에 살면서도 한민족 탐구에 대한 열정을 이어갔음을 말해 준다. 이 발표는 조선 설화에 대한 최초의 국제적 소개이다.

헐버트는 한민족과 관련하여 『한국사The History of Korea』 등 7권의 단행본, 4권의 소설, 4편의 희곡, 3권의 자서전, 그리고 200여 편의 논문 및 기고문을 남겼다. 특히 헐버트는 순 한글 신문인 독립신문이 탄생하기 5년 전인 1891년에 우리나라 최초의 순 한글 교과서 『사민필지』를 출간하여 조선인들의 한글 무시를 성토하고, 한글 전용을 주창하였다. 또한, 그는 15년의 집념 어린 연구로 우리나라 최초의 종합 역사서 『한국사』를 저술하는 등 방대한 저술을 통해 인간의 역량이 무한함을 보여 준 경이로운 저술가였다.

그는 한국에 온 뒤 1893년 현 동대문교회 담임목사를 지냈으며 1906년에는 현 노량진교회의 설립 예배를 주도했다. 또한 아펜젤러Henry Gerhard Appenzeller, 언더우드Horace Grant Underwood를 도와 한국 개신교 발전에 크게 기여하기도 했다.

1950년 대한민국 정부는 헐버트에게 외국인 최초로 건국훈장 독립장을 추서하였다. 2014년 10월 9일에는 568돌 한글날을 맞아 금관문화훈장을 추서하였다. 2015년 10월 서울 아리랑 페스티벌은 제1회 서울 아리랑상을 추서했고, 2013년 12월 27일 서울시는 '한글 역사 인물 주시경-헐버트 상징 조형물'을 종로구 주시경 마당에 세웠으며, 2014년 8월 13일 문경시는 '문경새재 헐버트 아리랑 기념비'를 세웠다.

한국인보다 한국을
더 사랑한 서양인

헐버트는 논문집 「헐버트 조선의 혼을 깨우다」에서 한국에 대한 깊은 관심과 애정은 물론, 한국에 대한 사랑에 바탕을 둔 날카로운 비판도 서슴지 않았다.

이 책에서 한국을 향한 따스한 시선과 함께 냉철한 조언이 담긴 주된 내용을 살펴본다.

한국의 문헌은 지식의 보고였다. 조선에서 인품의 잣대는 군사적 힘이 아닌 학문의 위용이었다.

서울은 높이 치솟은 아름다운 산으로 둘러싸여 마치 원형극장의 한가운데에 놓여 있는 느낌이다. 산 정상을 따라 만들어진 서울의 성벽은 길이가 5~6마일 정도나 된다. 심지어 높이가 2,000피트나 되는 산 정상에도 성벽이 있다. 도시가 산으로 둘러싸여 있다 보니 이곳 사람들은 참으로 맑고 상쾌한 공기를 마시며 하루를 시작한다.

조선의 옷은 거의 전부가 흰색이기에 거리의 순백 물결이 매우 아름답다. 조선인들은 해학의 기질을 타고났다. 사람들이 무척 익살스러워 서울의 주막집은 항상 떠들썩하다.

조선의 문명화가 뒤떨어진 또 다른 이유는 사회 현상이다. 어느 나라나 가장 위험한 사회 현상은 백성들이 자신이 직접 생산한 농산물에 대한 소유권을 완전히 확보하고 있지 않다는 사실을 알고 있는 경우이다. 그런데 바로 이 현상이 오늘날 조선의 현실이다. 정부가 실제 생산량을 기초로 하여 공정한 방법으로 농민에게 세금을 할당하지 않고, 정부 관리의 자의적인 판단으로 세금을 부과하다 보니 농민들은 세금을 도둑맞는 꼴이 된다. 그렇다면 어느 농민이 자신의 땅을 열심히 경작하겠는가?

몽골 계통 민족은 부모나 선조들의 생활 방식을 자손들이 우선적으로 따라야 한다고 생각한다. 그러다 보니 오늘날의 관습이나 습관이 5백 년 전이나 엇비슷하다. 이러한 정서가 바로 동양에서 개화를 가로막는 주요 요인이다. 조선의 많은 관습이 하도 오랫동안 지속되다 보니, 관습의 원래 목적과 의미가 완전히 잊히거나 간과되고 있는 경우가 허다하다.

조선이 다른 나라들과 관계 개선을 한다 해도 조선에서 중국의 이익이 침해되지 않는다는 사실을 중국이 깨달아야 한다. 또한 조선은 중국의 장난에 놀아나지 말고 주체적으로 행동해야 한다.

왜 문명이 덜 발달했다고 여기는 조선은 공개경쟁 시험(과거제도)을 거쳐 공직자를 뽑고, 문명사회라고 여기는 미국은 공직자를 대부분 지식과 능력은 무관하게 뽑는지에 대해 나는 그저 독자들의 판단에 맡길 따름이다.

「헐버트 조선의 혼을 깨우다」는 단행본을 제외한 200여 편의 논문 및 기고문 중 헐버트가 조선시대(1886년부터 대한제국이 탄생한 1897년 10월까지)에 쓴 57편의 논문 및 기고문이 담겨있다. 57편 중 30편은 한국에서 발행되던 영문 월간지 「한국소식The Korean Repository」과 「한국평론The Korea

Review」에 실린 글이다. 57편 중 나머지 27편은 헐버트가 해외 신문과 잡지에 기고한 글들이다.

이 책의 구성을 좀 더 구체적으로 살펴보면 분야별, 저술연도 순으로 6부로 구성 되어 있으며 내용은 아래와 같다.

1부 서울은 산으로 둘러싸인 원형극장

　　1886년 조선에 당도하여 해외 신문에 조선을 소개한 기고문(13편)

2부 한글과 견줄 문자는 세상 어디에도 없다!

　　조선의 말글, 발명, 교육과 관련한 논문 및 기사(20편)

3부 조선인들이 아리랑을 노래하면 시인이 된다!

　　조선의 문학, 예술, 민담에 관한 논문 및 발표문(6편)

4부 일본은 천년의 빚을 갚아라!

　　조선의 역사, 사회, 풍속에 관한 논문 및 기사(8편)

5부 조선에서도 언젠가 종교가 융성하리라 확신한다!

　　종교에 관한 논문 및 기사(6편)

6부 세기의 개기일식을 보다!

　　1887년 일본 여행기 신문 기고문(4편)

이 책에서 헐버트는 조선의 풍속과 서울의 풍광에 대해 미국, 영국 신문에 기고하였음을 보여주었고, 각국에 조선의 근대화 노력을 도울 것을 호소하였으며, 한글, 금속활자, 거북선 등 한민족의 세계적 발명품을 최초로 세계 언론에 소개하며 한민족의 우수성을 설파하였다. 한글의 문자적 우수성을 과학적으로 증명하고, 한글 창제자 세종의 위대성을 밝혔으며, 한국어의 우수성을 논리적으로 풀이, 한국어가 대중 연설어로서 영어보다 우수하다고 결론을 내렸다. 단군신화 등 조선의 설화를 국제설화학술회의에서 역사상 최초로 국제 사회에 소개하였고, 조선인들은 시적 감각이 뛰어나며, 자연을 가장 잘 즐길 줄 아는 민족임을 알렸으며, 판소리는 독특한 소설의 장르로서 예술성에서 서양의 소설을 능가한다고 주장하였다.

한글의
우수성 설파

"한글은 완벽한 문자다. 한글과 견줄 문자는 세상 어디에도 없다. 최대한 단순하면서도 광범위한 표음 능력을 지닌 글자이기 때문이다. 세종의 한글 창제 목적은 백성의 삶을 개선하기 위함이라는 것을 명백히 알 수 있다. 한글 창제자가 모음이 모든 말하기의 근간이라는 사실을 인식한 것은 천재성의 증거이다. 결과적으로 현존하는 문자 중 가장 단순하고, 가장 이해하기 쉬운, 가장 완벽한 문자를 만들어냈다. 세종은 백성의 임금이었다."라고 하며 한글의 우수성과 세종대왕의 위대함을 말하였다.

헐버트는 순 한글로 쓴, 우리나라 최초의 한글 천문지리 사회 교과서로서 조선에 오대양 육대주를 근대 최초로 체계적으로 소개한 『사민필지』 머리말에서 "중국 글자로는 모든 사람이 빨리 알며 널리 볼 수가 없고, 조선 언문은 본국 글일뿐더러 선비와 백성과 남녀가 널리 보고 알기 쉬우니, 슬프다! 조선 언문이 중국 글자에 비하여 크게 요긴하건만 사람들이 요긴한 줄도 알지 아니하고 오히려 업신여기니 어찌 안타깝지 아니하리오."라고 말하며 한국인들조차 한글을 사랑하지 않음을 안타까워하기도 했다.

1891년에 출간한 세계 지리 교과서 『사민필지』는 제1장 지구, 제2장 유럽주, 제3장 아시아주, 제4장 아메리카주, 제5장 아프리카주로 구성되어 있고, 총론에서는 태양계와 현상, 지구의 모습, 기후·인력·일월식, 그 밖의 지구상의 현상, 대륙과 해양, 인종에 관한 내용을 담고 있다. 그리고 각각의 주에 관한 내용으로는 각 주의 위치와 지형, 면적, 기후, 인종을 적고, 각 주별로 주요 국가의 위치와 방향, 기후, 산물, 인구, 씨족, 풍속, 수도, 산업, 군사력, 교육, 종교 등에 관해 설명하였다.

헐버트는 1889년에는 미국의 신문인 「뉴욕 트리뷴New-York Tribune」에 「The Korean Language한국어」라는 제목의 글을 기고하여 한글은 모든 소리를 고유의 글자로 표기할 수 있는 완벽한 문자라고 칭찬했다. 그리고 미국 스미소니언협회가 1903년 발간한 연례 보고서에 담긴 「한국어The Korean」라는 제목의 기고문에서 한글의 독창성과 과학성, 간편성 등을 소개하며 "한글이 대중 언어 매체로서 영어보다 더 우수하다The korean surpasses english for public speaking."라고 말했다.

헐버트는 『헐버트 문서』라는 자전적 회고록에서 한글을 200개가 넘는 세계 여러 나라 문자와 비교해 보았지만, 한글과 견줄 문자는 발견하지 못했다면서, 한글은 배운지 4일이면 한글로 쓰인 어떤 책도 읽을 수 있다고 주장했다. 그러면서 일본도 한글을 공식문자를 채택하였더라면 좋았을 것이라고 피력했다.

그리고 헐버트는 평소 조선이 한자를 쓰는 것보다 오히려 중국이 한자 대신 한글을 써야 한다고 주장하였다. 헐버트가 중국에 한글을 바탕으로 한 글자를 제안하였다는 사실은 한글이 한반도에서 제대로 자리 잡기도 전에 있었던 일로 한글 세계화의 첫걸음이었으며, 헐버트가 한글이 지구상에서 최고의 문자라고 확신하였다는 또 다른 반증이다.

헐버트는 1913년 전후에 중국에 3만 개의 한자 대신 한글을 바탕으로 한 38개의 소리글자 체계를 제안하여, 중국 정부도 이를 긍정적으로 검토하였다는 사실이 미국 신문에 의해 보도되었던 적이 있다. 이 시기에 중국의 대총통이 된 위안스카이는 '조선의 한글을 중국인들에게 가르쳐서 글자를 깨우치게 하자'라고 제안하였다는 주장도 있다(참고문헌: 「한글 세계화 열전」『신동아』1월호, 2012).

'파란 눈의 독립운동가'
헐버트

1905년 11월 일제가 을사늑약(을사조약)을 강제 체결하여 국권을 빼앗아 가자, 헐버트는 1906년 「한국평론The Korea Review」을 통해 일본의 야심과 야만적 탄압행위를 폭로하며 일본을 규탄하는 한편, 이듬해인 1907년 고종에게 네덜란드에서 열리는 제2차 만국평화회의에 밀사를 보내도록 건의하였다. 그리하여 고종 황제가 이상설, 이준, 이위종에게 황제의 친서를 휴대하고 만국평화회의에 참석하라는 밀령을 내리자 그는 한국 대표보다 먼저 헤이그에 도착, 「회의시보Courier de la Conférence」에 한국 대표단의 호소문을 싣게 하는 등 한국의 국권 회복 운동에 적극적으로 협력하였다.

그러나 일제의 방해로 회의에 참석하지 못하게 되자, 한국 특사들이 일제의 한국침략을 폭로·규탄하며, 일본이 한국의 외교권을 박탈한 을사늑약이 무효임을 선언하고 한국의 독립을 주장하는 공고사控告詞를 공개해 세계 언론에 여론을 환기시키며 고군분투할 때, 헐버트와의 인연으로 영국 언론인 스테드William T. Stead가 독립 공고사控告詞를 「헤이그만국평화회의보」에 실어 우리나라를 돕게 하는 계기가 되게 하기도 했다.

이 일로 헐버트는 일본에 의해 미국으로 추방당하게 된다. 일제에 의해 강제 추방된 헐버트는 미국에 돌아간 후에도 순회강연 등을 통해 한국의 독립을 호소하는 활동을 지속적으로 전개하였다. 그는 미국 전역과 전 세계의 각종 회의와 강좌에서 일본의 침략을 규탄하였고 한국의 독립에 관한 글을 썼다. 이후 1908년 미국 매사추세츠Massachusetts주 스프링필드Springfield에 정착하면서 한국에 관한 글을 지속적으로 썼고, 1918년에는 파리 강화회의를 위해 여운홍과 함께 '독립청원서'를 작성하기도 했으며, 1919년 3·1운동을 지지하는 글을 서재필徐載弼이 주관하는 잡지에 발표하였다.

1890년대 중반에 들어서면서 한국은 일본으로부터 위협을 받게 되었는데, 헐버트는 일본의 침탈행위를 목격하고 한국의 정치와 사회문제에 관심을 갖고 참여하기 시작하였다. 1895년 을미사변 이후 고종을 호위하며 최측근에서 보필하고 자문을 담당했다. 미국 등 서방 국가들과의 창구 역할을 해왔다. 또한 고종황제를 미국공사관으로 옮기려는 '춘생문사건 春生門事件'의 관련자로 지목되기도 하였다. '춘생문사건'은 1895년(고종 32) 10월 을미사변에 대한 반동으로, 11월 28일에 명성황후계(閔妃系) 친미 · 친러파의 관리와 군인에 의해 기도되어, 을미사변 이후 친일정권에 포위되어 불안과 공포에 떨고 있던 국왕 고종을 궁 밖으로 나오게 하여 친일정권을 타도하고 새 정권을 수립하려고 했던 사건이다.

헐버트는 1886년 미국 신문에 기고한 글에서 조선이 미국에 군사 교관 파견을 요청했으나, 아무런 해가 되지 않는 미국이 거절하여 서울에 사는 미국인들을 실망시키고 있다고 증언, 만약 그때부터 미국이 조선에 군사적으로 협력했더라면 조선은 나라를 일본에 잃지 않았을 수도 있었을 것이라고 주장했다.

러일전쟁 후 일본의 '한국 보호통치' 문제가 표면화되자 워싱턴 밀사 활동을 전개하였다. 또한 1905년 을사조약 후 한국의 자주독립을 주장하기 위해, 고종의 친서를 휴대하여 워싱턴으로 가 일본 침략행위의 부당성을 호소하고, 미국의 도움을 요청하는 활동을 전개하며 국무장관과 대통령을 면담하려 했으나, 일본과 미국의 밀약으로 성과를 거두지 못하였다.

2013년 7월에는 이달의 독립운동가 265명 가운데 외국인으로는 최초로 선정되기도 하였다.

한국과 한민족과 한글에 대한 사랑이 절절히 묻어나는 헐버트의 주요 어록을 소개하고자 한다.

모든 나라는 조선의 근대화 노력을 지원하고 조선인들을 격려해 줘야 한다. 특히 기독교 국가들이 앞장서서 조선을 도와야 한다. - 조선에 대한 첫 글에서, 1886.

슬프다! 조선 언문이 중국 글자에 비해 크게 요긴하건만 사람들이 요긴한 줄도 알지 아니하고 오히려 업신여기니 어찌 안타깝지 아니하리오. -「사민필지 머리말」, 1891.

세종의 한글 창제 목적은 백성의 삶을 개선하기 위함이라는 것을 명백히 알 수 있다. 세종은 백성의 임금이었다. -「한글」, 1892.

만약 한민족이 한글 창제 직후부터 자신들의 새로운 소리글자 체계인 한글을 받아들였더라면 한민족에게는 무한한 축복이 있었을 것이다. 하지만 허물을 고치는데 너무 늦었다는 법은 없다. -「한글」, 1892.

영국인들이 라틴어를 버린 것처럼 조선인들도 결국 한자를 버릴 것이다. -「한국 소식 통신란」, 1896.

한국어는 대중 연설 언어로서 영어보다 우수하다. -「한국어」, 1902.

훈민정음에 배열한 글자들은 음성학의 법칙을 거의 완벽할 정도로 정확하게 따랐다. -「훈민정음」, 1903.

맞춤법을 배우는 일은 조금 더 힘들지만, 맞춤법을 통해 더해지는 시각적 요소는 문장 자체를 더 풍부하게 하면서 그림의 색깔과 같은 역할을 한다. -「한글 맞춤법 개정」, 1904.

분명한 사실은 조선인들은 뛰어난 지적 능력을 지니고 있다는 점이다. -「한국 교육은 혁명적 변화가 필요하다!」, 1904.

상층 계급과 하층 계급 사이의 장벽을 허물 수 있는 유일하고 또 유일한 방법은, 평민들에게 훌륭한 한글 문학을 선사함으로써 한자 시대를 뒤집어 진정한 교육이란 소수가 아닌 다수에게 있다는 인식을 널리 퍼뜨리는 일이다. -「한국 교육은 혁명적 변화가 필요하다!」, 1904.

문자의 단순성과 소리를 표현하는 방식의 일관성에서 한글과 견줄 문자는 세상 어디에도 없다. -「한국사 세종 편」, 1905.

세종은 그리스에 문자를 전한 페니키아 왕자에 조금도 뒤지지 않는 인물이다. - 「한국사 세종 편」, 1905.

거의 모든 조선 속담은 평범한 삶에 대한 언급을 통해 고차원적인 진리를 드러내며, 속담이 추구하는 가치가 그저 그런 것이 아닌 현저하게 실용적임을 보여 준다. - 「조선의 속담」, 1895

조선인들에게 아리랑은 음식에서 쌀과 같은 존재이다. - 「조선의 성악」, 1896.

조선인들이 아리랑을 노래하면 시인이 된다. - 「조선의 성악」, 1896.

아리랑은 한민족의 영원한 노래가 될 것이다. - 「조선의 성악」, 1896.

조선의 시는 자연 음악이며, 단순하고 간결하고, 열정, 감성, 감정이 전부다. - 「조선의 시」, 1896.

어느 민족도 봄의 풋풋함을 조선인들보다 더 만끽하지 못한다. 어느 민족도 조선인들만큼 언덕 위에 앉아 아지랑이에 반쯤 가려진 환상적인 가을 풍경을 열정적으로 즐기지 못한다. - 「조선의 예술」, 1897.

광대의 숙련된 동작과 음조가 소설을 읽을 때는 느낄 수 없는 연극적 요소를 더해 주기에, 광대의 이야기 풀기(판소리)는 예술성에서 서양의 소설을 훨씬 능가한다. -「조선의 소설」, 1902.

천 년이 흘렀거늘 일본은 아직도 보상의 법칙을 입증하지 않고 있다. -「갑오개혁」, 1895.

개혁의안에 종교의 자유를 선언하는 조항을 포함하여 갑오개혁 안이 한민족을 위한 최상의 개혁안이 되기를 희망한다. -「갑오개혁」, 1895.

조선에서도 언젠가 종교가 융성하리라 확신한다. -「조선 선교를 위한 호소」, 1887.

해외 선교지로 떠나는 젊은이들은 세상에 이름을 남겨야겠다는 야망을 품어서는 안 된다. -「선교 기술」, 1890.

추억과 감사

광복을 맞이하고 대한민국 정부가 수립된 후, 헐버트 박사는 1949년 대한민국 이승만 대통령으로부터 국빈 자격으로 초청받아 그토록 갈망한 독립된 한국을 다시 찾았다. 86세의 나이로 한국 땅을 밟고, 한국에 도착하자마자 너무 감격해서 땅에 입을 맞추기도 했다고 한다. 한국 사랑이 얼마나 대단했는가를 보여주는 대목이다. 그러나 내한 후 일주일 만인 1949년 8월 5일 영면하게 되었다. 생전 헐버트는 샌프란시스코에서 한국으로 떠나며 언론에 "나는 웨스트민스터 사원보다 한국 땅에 묻히기를 원하노라."라고 유언을 남긴 바 있어, 이에 따라 박사의 장례는 대한민국사회장으로 거행하였으며, 현재 양화진 외국인 묘지에 잠들어 있다.

오늘날 우리 사회는 무분별한 외국어 사용이 범람하고, 영어와 한국어를 터무니없이 합성한 국적 없는 언어가 난무하고 있다. 헐버트 박사가 한민족의 가장 큰 자랑이라고 칭송한 한글과 우리말이 생명력을 잃어가는 지경에 이르렀다. 우리는 세계에서 가장 우수한 독창성과 과학성을 지닌, 아름다운 우리 말과 글을 사랑하고 지킬 뿐만 아니라, 오늘날 한반도를 둘러싼 정세 속에서 국가가 어려움을 당하고 있는 이때 우리 모두 애국하는 마음을 갖게 되는 계기가 되었으면 하는 바람이다.

끝으로 끊임없이 헐버트를 탐구하여 그의 한국 사랑과 학문적 기품, 훌륭한 가치관적 삶을 깨닫게 해준 김동진 박사에게 존경과 감사를 드린다.

참고문헌

김권정, 『한국인보다 한국을 더 사랑한 미국인, 헐버트』, 역사공간, 2016.

김동진, 『파란 눈의 한국혼』, 참좋은 친구, 2010.

헐버트, 김동진 역, 『헐버트 조선의 혼을 깨우다』, 참좋은 친구, 2016.

어니스트 토마스 베델

Ernest Thomas Bethell, 배설

공저본 상임이사, 동국대학교 경주(캠) 행정학과 교수 장황래

"나는 죽을지라도 '신보'는 영생케 하여 한국 동포를 구하라"

조선 언론의 태동과
일제의 탄압

과거 우리나라 언론 역사를 돌아보면 개화기開化期(1876년의 강화
도조약 이후부터 서양문물의 영향을 받아 봉건적인 사회질서에서 근대적 사회로 개

혁되어 가던 시기)부터라 할 수 있으나 일본의 감시와 개혁과 변화를 반대하는 수구파守舊派(개화파의 반대개념, 정치·경제·사회·문화 등의 분야에 변화를 거부하고 기존의 것을 고수하려는 집단)의 방해 공작으로 폐간과 복간이 반복되는 등 우여곡절紆餘曲折로 점철點綴된 역사를 가지고 있다. 특히 당시에 신문제작에 필요한 인쇄기계와 활자 등은 국내에서 제작이나 구입이 불가능해 주로 일본으로부터 도입하는 어려움도 이를 뒷받침하고 있다. 이러한 과정에서 개화파의 일원인 박영효朴泳孝(1861~1939, 정치가로 갑신정변과 갑오개혁을 주도한 조선후기 개화파)선생은 국민계몽 실현을 위해 신문 발간의 필요성을 고종황제高宗皇帝에 보고하여 1883년 9월 서울 저동苧洞(현재의 을지로2가)에 박문국博文局(조선후기인 1883년에 설치한 신문과 잡지 등의 편집과 인쇄를 관장하던 기관)이 설치되었고 그해 10월 30일 열흘 간격으로 발간되는 한성순보漢城旬報가 창간되어 우리나라 최초의 신문이 탄생하게 된 것이다(정진석, 2013, 5). 이어 1886년 1월 25일 주간신문인 한성주보가 창간되고, 1896년 서재필徐載弼(1864~1951, 독립운동가)선생이 미국에서 돌아와서 우리나라 최초의 근대적 민간신문인 『독립신문』이 창간되었다.

일제는 자신들이 저지른 만행이 신문 보도를 통해 만천하滿天下에 폭로되자 이에 두려움을 느낀다. 일제는 온갖 방법을 동원하여 우리의 신문에 대해 탄압과 방해공작을 펼쳤으나 뜻을 이루지 못하자 터무니없는 혐의를 씌워 신문의 필진을 연행하고 감금하여 결국 신문이 없는 암흑세계로 다시 돌아가게 되었다.

'베델' 선생의
발자취

어니스트 베델E. T. Bethell 선생은 1872년 11월 3일, 영국의 항구 도시 브리스톨Bristol에서 탄생하였다. 어린 시절 완구점을 경영하는 아버지를 따라 런던으로 이주했으나 경제적으로 매우 어려워 머천트 벤처러스(현재 West of England)고등학교를 간신히 졸업(1885~1886)했다. 고교 졸업 2년 후 16세가 되던 1888년 일본으로 건너가 코베에서 무역상을 설립 운영하는 가운데 1900년 5월 26일 마리모드 게일Mary Maude Gale여사와 결혼하여 슬하에 외아들 허버트 오웬Herbert Owen Chinki Bethell을 두었다. 코베에서의 사업은 번창하여 사업가로서의 자리를 잡는 듯하였으나 당시 일본인 동종 사업가들의 방해로 어렵게 되자 모든 사업을 접고 대한제국에 들어오게 되었다. 베델은 일본 코베에서 사업가로 십육 년간 살면서 성공과 실패를 모두 경험했다(서울신문, 2018.07.27, 16). 지역의 단체에 소속하면서 리더십도 발휘하는 등의 왕성한 대외 활동도 전개한 것을 보면 선생은 외향적이고 활달한 성격으로 보인다.

1904년 3월 4일 러·일 전쟁이 발발하자 선생은 일본에서의 사업을 정리하고 런던의 데일리 크로니클The Daily Chronicle지의 특파원 자격으로 그해 3월 10일에 대한제국에 왔다. 선생은 특파원으로 활동하던 중 1904년 4월 16일자 '한국 황궁의 화재' 단독 기사에서 고종황제가 머물던 경운궁(현 덕수궁)에서 발생한 화재가 일본군 소행일 것으로 추정하는 기사인 '대한제국 궁중의 폐허화Korean Emperor's Place Ruins'의 특종기사를 작성했다는 이유로 이날 자로 '데일리 크로니클' 특파원 자리에서 해고를 당했다. 해고 사유를 '베델' 선생은 다음과 같이 언급했다(베델선생 서거 95주년 기념대회 자료발췌).

"크로니클 통신사 상급 관계자의 일방적 지시는 신문기사의 편집 방향을 일제에 우호적으로 보도하기 때문에 내가 작성하는 기사 내용도 친일적으로 작성되어야 한다는 것이다. 하지만 당시 대한제국이 처한 사정을 직접 보니 신문사의 지시를 따르는 것은 양심상 허락하지 않았다. 나는 즉시 특파원 직책에서 사의를 표하고 물러났다. 며칠 후 통신사에서 특파원으로 다시 활동하여 줄 것을 제안하여 왔으나 나는 완강하게 이를 거절했다."

이는 단지 신문사의 친일 성향에 반하는 내용이라는 이유에서였다.

'대한매일신보사'를 창간
일제의 만행을 전 세계에 전파

　조선 땅을 밟은 언론인 '베델' 선생은 우리나라에서 매일 발간되는 최초의 신문인 『대한매일신보』를 1904년 7월 18일 독립운동가 양기탁 선생 등과 힘을 합쳐 만들었다(정진석, 2013, 30). 물론 발행인은 '베델' 선생으로 등록했다. 사실 '베델' 선생은 민족진영의 독립운동가 우국지사인 양기탁 선생을 비롯한 박인식 선생, 신채호 선생들과 접촉하면서 선생들의 우국충정에 감화되어 신문사를 창간하게 되었다고 한다(백일현, 2015, 36-37).

　초반에는 한글로 간행되다가 1907년에 이르러 영문판, 국한문판, 한글판의 세 종류로 발행되어 대내외 많은 구독자를 확보할 수 있었다. 일제의 엄격한 검열과 탄압으로 인해 폐간되었던 국내의 다른 신문과 달리 『대한매일신보』가 꾸준히 발행될 수 있었던 것은 바로 이 신문의 발행인이자 편집인인 '베델' 선생이 영국인의 신분으로 치외법권治外法權 등 유리한 점을 이용 일제의 검열 등의 법망을 피할 수 있었다는 점이다. 그리고 고종황제의 각별한 배려와 일부 재력 있는 독립운동가들이 비밀리에 출자하여 재정을 확보할 수 있었던 것 또한 이점으로 작용했다. 이러한 여러 가지 요인들이 일제의 엄격한 검열도 면할 수 있었고 일제의 조선에 대한 악랄한 행위와 침략행위에 대한 강경하고 거침없는 비판과 논조로 공격을 감행할 수 있었다.

　일제日帝는 자기들이 저지른 만행이 세상에 알려지는 것이 두려워 통감부*統監府(1906년 일제가 한국을 완전히 병탄할 목적으로 설치한 감독기관)를 설치하여 1907년 7월 우리 민족지를 멸살滅殺하고자 광무 신문지법新聞紙法을 제정·공포하여 겨우 명맥을 유지하고 있었던 우리의 몇몇 민족지들은 강제로 폐간되었으나 『대한매일신문』은 외국인이 창간하고 운영하는 신문으로 이를 면할 수 있었다.

언론인으로서의 새로운 길을 개척하고자 대한제국에 온 '베델' 선생은 동아시아 나라들과 달리 아직 대한제국에는 이렇다 할 영자신문이 없다는 점에서 통신사 특파원 경험을 토대로 신문사를 직접 차려보기로 결심했다. 하지만 조선에서 언어소통이 불가능했던 베델 선생에게 시급한 문제는 무엇보다도 영어에 능통한 조선인 조력자를 찾는 것이었다. 그러던 중 삼 개 국어에 능통하여 조선 왕실 문서를 번역하는 '예식원'에서 번역사로 일하는 양기탁 선생을 알게 된다. 양기탁 선생을 『대한매일신보』 주필로 하여 『대한매일신보』와 『코리아데일리뉴스KDN』는 이렇게 탄생되었다.

베델 선생의 눈에 보인 조선인들이 일제에 침탈당하는 현실을 보면서 분노가 극에 달하여 일제의 잔악상을 전 세계에 알려야 한다는 굳은 결심을 하게 된다. 1905년 8월에 외국인을 대상으로 「코리안 데일리 뉴스The Korean Daily News」를 발행하여 일제의 잔악상을 전 세계에 고발하는 등

---

* 통감부統監府는 일본 제국이 을사조약을 체결한 뒤 대한제국 한성부에 설치했던 정치와 군사 관련 업무를 보는 관청이다. 통감은 외교에 관한 사항에만 관리한다고 을사조약(1905년 11월)에 명시하고 있었지만 을사조약 이전에 조·일 양국 간에 체결된 기본 조약은 을사조약과 저촉되지 않는 한 유효하다는 내용에 근거하여 외교권 외에 직권남용을 도모하여 왔다.

활발한 언론활동을 전개하게 된다. 그뿐만 아니라 한자를 해독하지 못하는 조선 사람들을 위하여 1907년 5월 순 한글판『대한매일신보』를 발간하여 많은 구독자를 확보함과 동시에, 조선인의 실상을 국내 방방곡곡에 알린다. 명성황후 시해사건(1895)때부터 일제의 침략상과 온갖 잔악상을 낱낱이 폭로하는 강력한 항일 논조로 일제의 침략을 격렬하게 규탄해 나갔다. 특히 영문판은 일본과 중국에서 발행되던 영자신문의 기사를 상호 공유하여 전재함으로써 항일 논조를 더욱 활기차게 보도했다(백일현, 2015, 36-37). 이는 조선인들에게 큰 용기와 위안을 준 한편 각 방면의 배일사상排日思想을 북돋우고 대중계몽운동을 펼치며 민족신문으로서 면모를 유감없이 발휘해 나갔다.

한편 고종황제는 '베델'선생에게 배설裵說이라는 우리나라 이름을 부여하고 각종 편의를 제공하는 등의 관심을 보이며 신문발간에 다방면으로 협조를 아끼지 않았다. 이는 조선인들을 넓은 광명의 세계로 인도하려는 '베델'선생에 대한 정이 담긴 마음이었을 것이다.

칼보다 강한 펜Pen으로
일제日帝에 맞서다

불편부당 정론직필不偏不黨 正論直筆은 언론인의 좌우명이다. 언론인이 기사를 작성함에 있어서 어느 한 쪽으로 기울임이나 치우침 없이 공평하고, 바른 주장을 펴고 팩트 체크Fact Check로 사실을 그대로 전한다는 의미이다. '펜은 칼보다 강하다'함은 여기에서 나온 말이다. 언론인 '베델'선생은 조선을 독립시키고 조선인들이 일제로부터 더 이상 탄압을 받지 아니하고 더 이상 희생 없이 인간다운 일상생활을 영위하도록 하기 위해 1만 명이 넘는 구독자를 확보하기도 했는데 당시로써는 최고의 발행 부수를 기록하게 된다. 특히 양기탁 선생, 신채호 선생, 박은식 선생, 안창호 선생, 장지연 선생 등 당대의 유명한 학자이자 독립 운동가들이 필진으로 합류하여 사실적 기사 작성과 반일적 논설을 과감하게 작성할 수 있었던 것은 다른 민족지와 다르게 『대한매일신보』는 사전 검열에서 자유로울 수 있었고 또 정간될 염려가 없었기 때문이기도 했다.

1905년 을사늑약(일제가 조선의 외교권을 박탈하기 위해 강제로 체결한 조약)이 일제에 의해 불법적이고 강제적으로 체결되자 부당하며 무효라는 주장을 폭로한 고종황제의 친서를 만천하에 공개했고 그 친서가 미국, 독일, 프랑스, 러시아 등 9개국에 그 내용을 전달됐다는 사실을 신문은 크게 보도했다(백일현, 2015, 36-37). 또 이 조약에 의해 강제로 해산된 대한제국의 군대가 전국에서 산발적 또는 동시다발적으로 의병 활동을 일으키자 당시 일제는 대한제국의 의병을 '비도匪徒'혹은 '폭도暴徒'로 표현하였으나, 『대한매일신보』는 한결같이 국권회복 등 '구국의병 운동' 이라 제목하고 사실대로 보도했다. 이처럼 흔들림 없이 진실을 토대로 한 보도, 일제의 탄압에도 꺾이지 않는 논조는 당시 조선인들에게 위안과 큰 용기를 북돋우는 데 부족함이 없었다. 『대한매일신보』의 활약이 국내는 물론 전 세계에 막강한 위력에 당황한 통감부는 신문의 기사와 논조를 막기 위한 갖가지 수법을 동원했으나 『대한매일신보』의 영향력이 갈수록 그 위력을 발휘하자 궁여지책으로 국내에서 외국인이 발행하는 신문과 외국에서 한국인이 발행하는 신문에 대해 압수 및 판매 금지할 수 있는 '신문지법'을 만들어 이를 규제하는 법적 근거를 마련하였다. 통감부는 베델 선생 추방을 위해 갖은 수법을 동원하였으나 뜻을 이루지 못하자 『대한매일신보』의 총무를 맡고 있던 양기탁 선생을 비롯한 일부 집필진들에게 갖은 혐의를 만들어 구금시키기까지 했으나 집필진은 이에 굴하지 않고 사실을 보도하고 이를 토대로 논조를 작성하여 알리는데 더욱 박차를 가해 나갔다.

이처럼 '펜Pen이 칼보다 강하다'는 것을 보여준 『대한매일신보』. 우리 민족의 자존심을 지키고 자립정신을 살리도록 논설과 사실에 입각한 항일 기사를 통해 국민들의 가슴속에 독립 의지를 고취시키는데 부족함이 없었다.

일제의 악랄한 탄압에도
굴하지 않으시다

일제의 통감부는 '베델' 선생을 추방시키려고 수차례에 걸쳐 조선주재 영국 총영사에게 반일적인 기사를 보도했다는 이유를 들어 처벌을 요구하는 소장을 냈지만 영국 총영사는 '베델' 선생을 추방할 근거를 찾을 수 없었고 다만 일부 신문기사가 반일적 내용이 존재한다는 이유로 '베델' 선생을 기소하는 데 그쳤다. 이에 통감부는 '베델' 선생의 추방을 위해 '신문지법'에 '외국에서 발행된 한국어 신문과 한국에서 외국인이 발행하는 한국어 신문'도 발매와 반포를 금지하고 압수할 수 있다는 조항을 넣는 등의 신문지법을 개정하여 '베델' 선생의 『대한매일신보』도 판매와 배포를 금지할 수 있도록 법적인 장치를 마련했다.

통감부는 이 법률로 『대한매일신보』를 탄압할 수 있었고 '베델' 선생 추방을 강력히 요구함에 따라 영국 총영사도 동맹국인 일본의 집요한 요구에 마지못해 이 문제를 해결하기로 하고 앞서 기소한 '베델'선생에 대한 재판을 1908년 6월 15일부터 3일 동안 서울의 영국 총영사관에서 열었다. 한국, 영국, 일본 세 나라가 관련된 역사상 유례없는 재판에 조선인은 물론 세계의 이목이 집중된 이 재판에서 영국 총영사는 '베델' 선생은 조선인들로 하여금 일본에 대항하여 봉기하도록 선동했다는 혐의로 유죄가 인정되어 상해에서 3주 동안 구금당하는 판결을 받는 불이익을 당하게 된다(월간북한, 2014, 7).

조선주재 영국 총영사가 '베델' 선생에 대해 유죄를 판결한 공소내용을 보면 1907년 9월 3일부터 10월 8일에 걸쳐 모두 9회에 걸쳐 보도되었는데 그 내용은 '내륙지방의 분란', '의전관儀典官은 어디에 있는가?', '지방으로부터 전달된 꾸밈없는 이야기', '일본 황태자의 한국 방문과 그를 영접하기 위한 한국 황제의 제물포濟物浦에 행차' 등으로 이의 기사의 상당부분이 일본을 자극할 내용으로 반일감정을 불러 일으켰다는 이유이다. 이에 재판관은 위에 언급된 기사, 단평 또는 그 글들 중 어떤 부분을 보도 또는 보도하게 한 행위는 치안 방해를 초래하거나 선동할 가능성이 있음을 우려할 만한 지당한 근거가 있다는 점에서 재판관인 조선주재 영국 총영사는 '베델' 선생을 유죄로 인정한 것이다. 그러므로 이에 에드워드 영국 국왕폐하의 명의로 '베델' 선생을 1907년 10월 14일 오전 11시에 재판정에 답변하기 위해 영국 총영사관 내에 있는 이 재판소에 출두할 것을 명한다는 것이다. 이러한 정황으로 볼 때 조선주재 영국 총영사도 자국 국민인 '베델' 선생을 보호하고자 하였으나 당시 일제의 완강한 위압감에 '베델' 선생을 희생양으로 삼았을 것으로 보인다.

'베델' 선생이 법정재판 등의 어렵고 힘든 과정에서 갑작스럽게 심장질환으로 별세하자 그의 비서였던 영국인 알프레드 만함이 1908년 5월 21일 『대한매일신보』를 경영하게 되었으나(정진석, 2013, 33), 베델선생이 없는 신문사는 얼마 버티지 못하고 1910년 6월 14일 당시 『대한매일신보』 시사평론가인 언론인 이장훈이 판권 일체를 4만 원에 사들여 운영하게 되지만 사실상 소유권이 통감부로 넘어갔다(정진석, 2013, 33). 이후 1910년 9월 대한제국이 일제에 강제 병합되자 『대한매일신보』는 『매일신보』라는 이름으로 조선총독부의 기관지로 활용되어 『대한매일신보』는 신문의 기능을 상실하는 불운을 겪었다.

"나는 죽을지라도 '신보'는 영생케 하여
한국 동포를 구하라"
마지막 유언을 남기시다

일제의 엄격한 검열과 감시에도 『대한매일신보』가 발행될 수
있었던 것은 당시 영국과 일본이 체결되어 있던 영·일 동맹에 따른 영국
인에 대한 치외법권이라는 제도 덕택이다. 이를 이용하여 신문사에 일본
인들의 출입을 철저히 금지시켜 일제의 잔악상을 뉴스와 칼럼으로 작성
전 세계에 알리는 등의 조선의 대표적인 민족지로서 매우 큰 역할을 담당
했다. 일본은 언론에 대한 사전 검열을 했지만, 당시 영국인은 한국에서
치외법권이 주어져 있어서 '베델'선생의 신문은 검열과 압수를 피할 수
있었다. 일본 정부가 자신들의 잔악상이 전 세계에 알려지는 것이 두려웠
고 이를 제지할 방법이 없어 영국정부에 이 문제를 제기하면서 베델 선생
은 재판에 회부되어 벌금과 금고형을 선고받는 등의 어려움에 처하게 되
었다.

'베델'선생은 재판과정에서 건강이 크게 악화되어 1909년 5월1일 37세
의 일기로 타국의 조선 땅에서 가족들이 지켜보는 가운데 임종하셨다. 선
생은 임종하시기 전 신문사 설립에 함께하신 양기탁 선생(1871~1938. 한학
자, 대한민국임시정부의 6대 주석, 독립운동가로 1968년 건국훈장 대통령장이 추서
되었다)의 손을 잡으시고 "나는 죽을지라도 신보는 영생케 하여 한국 동포
를 구하라" 마지막 유언을 남기신다(정진석, 2913 천지일보, 2014, 12면).

고종황제는 선생의 죽음에 대해 다음과 같이 애통해 했다

天下薄精之 如斯乎 천하박정지 여사호

하늘은 무심하게도 왜 그를 이다지도 급히 데려갔단 말인가.

양기탁 선생은 다음과 같은 애도 시詩를 남겼다

大英男子大韓來 一紙光明 黑夜中 대영남자대한래 일지광명 흑야중

영국남자가 대한제국에 와서 한 신문으로 암흑의 밤중을 밝게 비추었
네

來不偶然 何遽奪 欲將此意 問蒼穹 래불우연 하거탈 욕장차이 문창궁

오신 것은 우연이 아니거늘 어찌도 급히 빼앗아 갔나 하늘에 이 뜻을 묻
고자 한다.

'베델' 선생 장례에
수천 명의 조문객 행렬이
끝없이 이어지다

애통해 하는 국민들의 슬픔에 먹구름 하늘도 울었고, 긴 장례

행렬에 산천의 우렁찬 통곡의 굉음은 천지를 진동했으리라. 선구자요, 겨레의 스승이신 벽안碧眼의 어니스트 토마스 베델 선생! 선생께서 조선인들의 가슴 깊이 새긴 독립정신의 굳은 의지意志는 천추千秋에 길이 남으리라.

그처럼 아끼시던 신문사는 어떻게 하고, 일제의 악랄한 고통의 악몽에 날과 밤을 지새우는 국민들은 누구를 의지하란 말인가. 하늘도 울고 산천도 통곡했으리라.

'베델' 선생의 장례에 모인 수천 명의 조문객은 선생의 죽음에 대해 슬픔을 감추지 못했으며, 장지까지 동행한 사람만 1천 명에 달할 정도로 조선인은 '베델'선생을 존경했고 그의 죽음을 애도했다. 그를 향한 조선인의 마음은 서울 양화진 외국인 묘지에 세워진 '베델'선생의 묘비문에 다음 내용이 담겨 깃들어 있다.

"그는 2천만 한민족의 의기意氣를 고무하며 일제에 목숨과 운명을 걸고 싸우기를 여섯 해나 하다가 마침내 한을 품고 돌아갔으니, 이것이 공의 공 다운 점이고 또한 뜻있는 사람들이 공을 위해 이 비를 세우는 까닭이로다. 드높도다. 그 기개氣槪여, 귀하도다. 그 마음씨여. 아! 이 조각돌은 후세後世를 비추어 영원히 꺼지지 않을 것이다."

나는 죽을지라도 신보는 영생케 하여 조선 민족을 구하라.

'베델' 선생은 사후 조선 땅에서 잠들기를 원했고 유해는 그토록 사랑하고 아끼던 조선 땅 합정역 근처의 양화진외국인선교사묘원에 안장되었다. 이후 일제는 그의 묘비 뒷면 비문에 새겨진 내용을 훼손하는 등의 죽은 후에도 만행을 저질렀으나 1964년 4월 언론편집인 협회가 성금으로 그 묘역 옆 작은 비석을 세워 비문내용을 복원하여 오늘날까지 '베델'선생과 함께하고 있다.

대한민국 정부는 그의 독립에 기여한 공로를 인정하여 1968년 '대한민국 건국 훈장 대통령장'을 추서하였으며, 1995년 주한 영국 대사관에서 '베델'의 헌신과 공로를 기리고자 '베델 언론인 장학금'을 제정 운용하고 있다.

'베델'선생이 신문사를 운영하는 데에는 부인 마리모드 여사의 내조의 힘이 컸던 것으로 보인다. 여자는 '베델'선생보다 한 살 아래였으며 선생이 임종하게 되자 "나는 남편의 사업을 이어가겠다."는 강한 의지로 버텨나가려 하였으나 신문사 경영난으로 전 재산을 헌납하였고 선생 별세 석 달 후 나머지 재산을 조선에 그대로 남겨두고 선생의 관을 덮었던 태극기와 영국기, 전국에서 애도 표시로 보내온 만사挽詞(죽은 이를 애도하는 글)와 국민들이 애달피 써 온 조의문弔意問, 빛바랜 신문만 가지고 본국인 영국으로 돌아갔다.

그리고 외아들과 손자에게 아버지이자 할아버지의 조선의 독립을 위한 위대한 항일 투쟁사를 가르치면서 평생을 한국 사랑을 실천하며 살다가 1965년 7월 2일 90세의 일기로 별세하였다.

"내 말 백 마디보다
신문의 한마디가
조선인들을 더 격동시킨다"

일본 제국주의의 조선 침략을 주도한 이토 히로부미의 말이다.
이토 히로부미는 한 연설장에서 "한국에서 신문이 가진 권력은 비상한 것
이다. 그중에서도 『대한매일신보』는 일본의 제반 악정을 반대하여 한인
을 선동함이 끊이질 않으니 이에 관하여는 통감이 책임을 질 수밖에 없
다."라고 말했다고 한다(한국민족문화대백과사전, 1991, 552). 『대한매일신보』의
집요한 사실 보도를 단적으로 보여주는 것으로 언론의 힘이 가지는 위력
을 실감하는 대목이라고 할 수 있다.

일제강점기 당시에는 신문이 거의 유일한 언론매체였다고 할 수 있었
다. 일제는 언론을 탄압하며 조선의 신문을 집요하게 검열과 감시하여 국
내 언론은 거의 없었다. 하지만 당시 유일하게 제 목소리를 낼 수 있었던
신문이 바로 『대한매일신보』였다. '베델' 선생도 예외 없이 불이익 등의 일
제의 탄압에도 굴하지 않고 꿋꿋하게 불굴의 정신을 조선인들에게 힘을
실어주었던 점은 높이 평가되고 후세인들의 귀감이 되기에 모자람이 없
다.

비록 출생과 국적은 달랐지만 조선과 조선인에 대한 그 애정의 은은한
향미香味는 110여 년이 지난 오늘날에도 느낄 수 있다. 특히 대한민국을 사
랑하는 위대한 그 마음은 한없이 깊다. 조선의 위태로운 국가운명과 일제
의 잔악상을 세계에 알리고 조선인의 주권회복과 조선 언론의 자존심을

지키시고 조선 땅에서 영면하신 외국인 독립운동가 '베델'선생, 3·1절을 맞아 선생을 다시금 생각하게 한다.

참고문헌

서대숙 외, 『한국의 독립운동가들』, 역사공간, 2011.

월간북한, 『일제의 베델추방과 양기탁 제거 음모』, 북한문제연구소, 2014.

정진석, 『한국신문역사』, 커뮤니케이션북스㈜, 2013.

정진석, 『나는 죽을지라도 신보는 영생케하여 한국동포를 구하라』, 기파랑.

백일현, 『백범회보』 제49호, 2015, 36-37.

「조선을 사랑한 영 언론인 베델의 히스토리」『서울신문』, 2018.

「항일언론의 선구자, 베델, 우리는 그를 잊을 수 없다」『천지일보』, 2014.

『한국민족문화대백과사전』 제6권, 웅진출판사, 1991.

개화기 근대학교의 설립

개항 이후 선각자들은 열강의 도전에 대처하여 나라의 독립을 지키고, 발전하기 위해서는 신지식을 갖춘 강건한 인재를 교육, 양성해야 한다고 하여, 교육을 가장 급무라고 강조하였다. 그들은 근대학교의 설립을 매우 중요한 과제로 생각하였다. 즉, 그들은 근대학교의 설립이 자주적 근대화를 달성하는 동력기관의 창설이라고 생각하고, 설립을 추진한 것이다.

이에 1878년 개항장인 동래에 무예 교육을 위한 제도를 창설하였다. 1883년 이른 봄부터 여름에 걸쳐 개항장인 원산에서는 민간인들이 개화파 관료들의 지원을 얻어 원산학사元山學舍를 설립하였다. 그 뒤 덕원부사 겸 원산감리 정현석鄭顯奭은 민간인들의 요청과 출재에 의해 학교가 설립됐다고, 1883년 8월 28일 정부에 보고하여 정부의 승인까지 얻어 냈다. 이로써 우리나라 최초의 근대학교이자 최초의 민립학교가 되었다.

원산학사 설립의 출재 비율을 보면, 총설립 기금의 88.8%를 지방민과 개화파 관료가 출재했고, 11.2%를 원산감리서에 고용된 외국인 세무사들이 출재했다. 민간인과 관료로 나누어보면 민간인이

95.0%, 관료가 5.0%를 출재하였다. 원산학사가 민·관 합작으로 설립되었지만, 주로 민간인들에 의해 이뤄졌음을 단적으로 보여주는 것이라 하겠다.

학급은 문예반과 무예반으로 편성되었으며, 문예반은 지방의 연소하고 총민한 자제를 약 50명 입학시키고, 타읍인이라도 수업료를 내면 입학을 허가하였다. 무예반은 정원을 200명으로 하여 무사를 입학시켰으며, 다른 지방의 무사도 입학을 희망하는 자는 모두 허가하도록 하였다. 원산학사가 문예반과 함께 특히 무예반을 병설한 것은 일본의 무력도발이 개항장에서 자주 자행되는 사태와 관련하여 무비자강을 실현해야 할 긴급한 필요성에 대응하기 위한 창의적인 것이었다.

교과 과목은 특수 과목으로서 문예반은 경의經義를, 무예반은 병서兵書와 사격술을, 문무 공통과목으로는 산수·물리로부터 각종의 기계기술·농업·양잠·광채 등을 가르쳤다. 그밖에 일본어 등 외국어와 만국공법(국제공법), 그리고 각국 지리도 교수하였다.

원산학사는 민중들이 자발적으로 재력을 모아서 개항장에 밀려오는 외세에 대항하고 실학적 전통을 계승하면서 새로운 정세변화에 대응하기 위해 설립된 우리나라 최초의 근대적 민립학교라는 점에서 큰 역사적 의의를 가진다.

그리고 원산학사와 같은 일반 학교는 아니지만 같은 해인 1883년 통역관 양성을 위해 통리기무아문 부속의 동문학同文學이라는 영어학교가 있었다. 동문학은 연소하고 총민한 어학생 약 40명을 뽑아서 오전반과 오후반으로 나누어 영어·일본어·서양산술 등을 가르쳤다.

그리고 학생 중에서 우수한 자는 학용품과 기숙비를 통리기무아문에서 공급하여주었다. 동문학은 1883년 8월 영국인 핼리팩스T. E. Hallifax, 奚來百士를 초빙하여 영어를 가르치기 시작하여, 1886년 육영공원育英公院이 설립되면서 발전적으로 통합되었다. 그러므로 동문학은 우리나라 최초의 관립학교인 셈이다.

「개화정책 開化政策(한국민족문화대백과, 한국학중앙연구원)」.「네이버 지식백과」

제2부

크고자 하거든
마땅히 남을 섬기시오

호레이스 그랜트
언더우드

Horace Grant Underwood

공저본 회장, 세종로국정포럼 자치발전위원장 박동명

선교사가
되기까지

호레이스 그랜트 언더우드Horace G. Underwood(1859.7.19.~ 1916.10.12., 이하 언더우드)는 19세기 말부터 1910년대 중반까지 조선에서 활동한 프로테스탄트(개신교) 선교사다. 언더우드는 1859년 7월 19일, 영국 '런던'에서 아버지 존John Underwood과 어머니 엘리자벳Elisabeth Grant Marie 사이의 6남매 중 넷째로 태어났다. 언더우드가 다섯 살 때(1865년) 생모가 세상을 떠나자 아버지는 얼마 뒤 재혼을 하였다. 언더우드를 포함한

형제들은 계모 밑에서 성장해야만 했다(이
광린, 1991).

언더우드 17세 때인 1877년 '뉴욕대학
The University of New York'에 입학하였다.
대학에 들어간 지 2년 뒤인 1881년 6월 아
버지가 별세하였다. 선교사가 되겠다고 마
음먹은 것은 네 살 때, 인도에서 돌아온 어
떤 사람의 이야기를 듣고 감동을 받아서였
다. 신학교 마지막 해에는 '뉴 저어지New Jersey', 폼턴Pomton에 있는 교회
를 맡았다. 그는 교회에 있을 때 행복한 편이었고 젊은이나 늙은이 모두
가 그를 친구처럼 대했다.

언더우드는 선교사가 되어 인도에 가기로 결심하고, 이를 준비하기 위
해 일 년간 의학도 공부하였다. 1884년 봄에 '뉴브런즈윅' 신학교를 졸업
하고, '뉴욕대학'에서 문학 석사 학위를 받았다. 그리고 1884년 11월에는
'뉴브런즈윅'에 있는 장로 감독회에서 목사 안수까지 받았지만, 교회에
가서 목회하기보다는 외국에 선교사로 가기로 결심하였다.

언더우드는 신학을 하고 선교지를 인도로 정했다가, 조선으로 변경했다. 조선에 선교사로 오기로 결심한 것은 올트만스Albert Oltmans(1854~1939), 이수정의 선교사 요청, 엘린우드Frank F. Ellinwood 등의 인물에 의해 결심을 한 것 같다.

먼저 올트만스는 언더우드에게 조선을 직접 알려준 인물 중의 한 명이다. 뉴브런즈윅신학교를 졸업한 후 미국 개혁교회 해외선교부(이하 FMBRCA) 선교사로 1886년부터 45년간 일본에서 토오장학원東山學院장, 메이지학원明治學院 교수를 역임하였다. 그는 언더우드가 학교를 설립하는 데 일본의 기독교대학 설립 사례와 이와 관련된 정관을 마련하는데 편의를 제공했을 것이다(정운형, 2017, 29).

그리고 이수정은 임오군란 시 명성황후의 안전을 도모한 인물로 알려져 있는데, 일본인 쓰다센에게서 개신교를 소개받은 후, 세례를 받았다. 그 후 미국성서공회American Bible Society(1816.5.11.설립)의 계획에 참여하고 성서를 번역했다. 또한 일본에서 활동하고 있는 미국 선교사들과 교분을 나누며 미국 교회에서 조선으로 선교사를 파송해 줄 것을 요청했다.

엘린우드Frank F. Ellinwood는 언더우드가 조선 선교사를 지원할 당시 미국 북장로회 해외선교부BFMPCUSA의 총무였다. 1884년부터 1903년까지 조선선교회의 활동을 후원하고 감독하였다.

이런 사람들의 영향을 받아 한국행을 하게 된 것으로 보인다. 특히 언더우드는 올트만스로부터 조선이야기를 들은 후 약 일 년이 지난 후에 조선 선교사가 되겠다고 지원하였다. 그가 인도에서 조선으로 선교지를 변경하게 된 배경을 1884년 7월 10일 작성하여 미국 북장로회 해외선교부 The Board of Foreign Missions of the Presbyterian Church in the United States of America, BFMPCUSA에 보낸 선교사 지원서에서 그는 이렇게 기록하고 있다.

> "몇 달 전 이수정이 조선 사람에게 선교사를 보내 달라는 간절한 글을 읽기 전까지 가야 할 곳을 정하지 못하고 있었다. 그 호소문을 읽어 내려갈 때 내 심장이 두근두근했으며, 제가 속한 교단 선교부에 조선 선교사로 파송해 달라는 마음이 일어났다."

이렇게 언더우드는 1884년 2월, 이수정의 호소에 반응하여 조선 선교사로 지원하였다. 결국 이수정이 기독교로 개종한 후 1883년 초 미국교회에 조선으로 선교사를 보내 달라는 호소가 크게 작용한 것으로 보인다. 그리고 당시 외부대신 김옥균이 조선에서 선교사업을 시작해 달라는 정부의 공식 요청서를 미국 북장로회 해외선교부BFMPCUSA에 보낸 것 등이 계기가 되어 엘린우드는 조선의 선교사업에 착수하였다.

1885년 4월 5일 언더우드는 서울에 당도하여 제중원의 교사로 근대적인 교육을 시작하였다. 초기 언더우드는 근왕적인 입장을 견지하며, 신변 안전과 선교사업을 도모하였다. 정기적으로 찾아오는 소년들을 대상으로 주일학교를 시작하였으며, 고아들을 위해 학당(원두우고아학당)을 설립하였다. 모든 청소년이 적령기에 교육받을 수 있고, 더 높은 단계의 학교를 창출하는 근대 교육 사업을 추구하며 학교를 선교의 접촉점이자 문명 전달의 매개인 시민 계몽의 장으로 삼았다.

언더우드는 광혜원廣惠院(이하 제중원)의 교사로서 알렌을 조력하며, 1885년 7월 주일학교Sunday School를 시작하였다. 또한 1886년 5월 11일, 조선 정부의 승인 아래 '원두우고아학당'을 개원하였다.

알렌이 공사로 부임한 때인 1897년부터는 교회개척과 신문발간 등을 통해 시민계몽에 적극적으로 나섰다. 세워지는 교회마다 학교부설을 권장하였으며, YMCA를 유치했다. 시민 전체가 개명해야 한다는 생각과 모든 인간은 복음 안에서 평등하다는 것을 실현한 노력을 하였다. 언더우드는 건강이 악화되어 미국으로 건너가 요양 중에 1916년 10월 12일 아틀란틱 시티에서 서거했다.

교육사업

언더우드의 핵심적인 활동은 교육사업이라고 할 수 있다. 교육사업은 주일학교와 조선 정부의 승인을 받은 고아학당(원두우학당)으로 출발하여, 초·중·고등교육에 이르는 원대한 계획으로 선교의 접촉점이자 문명 전달의 매개이며, 동시에 시민 계몽의 수단이었다. 1886년, 언더우드는 자신의 거처인 정동에서 고아 기숙학교인 언더우드 학당을 열었다. 이 학교는 훗날 '경신학교'로 발전했고, 후에 '연희대학'의 모체가 되었다.

언더우드는 "조선 시민이 더 나은 교육을 받았더라면 지금 당하고 있는 민족적 치욕을 좀 더 잘 대처했을 것"이라며, Chosen Christian College조선기독교대학 설립을 추진하였다. 언더우드의 '조선기독교대학'은 '연희대학'으로 통칭되며 설립 이후 한국에서의 대학 설립을 용인하지 않는 일제의 식민 정책에 의해 '연희전문학교'로 인가가 났다.

여기서 잠깐 현존하는 연세대학교의 설립경로를 살펴볼 필요가 있다. 연세대학교 설립경로는 두 가지의 축이 있다. 그 첫째는 의료 선교사 알렌이 1885년 반국영의료기관으로 설립한 '제중원'과 그 의학교가 하나의 설립기원이며, 둘째는 1915년 언더우드가 주도한 '조선기독교대학'이 또 다른 기원이라는 점이다(서정민, 2005, 108).

대학 설립의 목적은 고유한 정신문화와 유산을 간직한 조선 시민들이 그것을 부정하거나 훼손하려는 세력에 대해 저항할 수 있는 의지를 발현하게 하는 것이다. 대학 설립을 추진하는 과정에서 발생한 갈등은 인종주의와 우월주의, 그리고 제국주의의 팽창정책으로 고통을 받고 희생당하는 조선 시민을 외면한 정교분리의 원칙과 편협한 신학(교리)이 빚은 것이다. 언더우드는 이에 굴하지 않고 자신을 부른 조선 시민, 복음을 주체적으로 수용한 조선 시민의 신음에 반응하며 함께 했다.

'105인 사건'과 일본의 잔인함

'105인 사건(조선총독암살음모사건)'은 일본 제국주의에 의한 관제사건으로, 1심에서 실형 선고를 받은 105명이 이의를 신청한 상태에서 열린 2심 재판에서 증거불충분으로 99명이 석방되었다. 그래서 105인 사건이다.

이 사건의 조작을 주도한 구니모토國友尙謙는 초기 단계에서부터 선교사를 연루시켰는데, 이는 선교사들이 조선의 식민지배에 방해된다고 여겨 이를 제거할 명분을 얻기 위한 것이었다. 조선 총독부는 언더우드를 '105인 사건'의 배후 인물로 지목하여 옥고를 치르게 했다(1915년 2월 특별사면). 아마 조선총독부가 언더우드를 추방하는 데 이 사건을 이용하려 했을 것이다(원한경 증언). 언더우드는 105인을 통해 명성황후 시해 사건을 떠올리며 일본의 잔인함과 비인간성에 전율하였다.

YMCA 설립과 선교 확대

언더우드가 교회보다 기관 사역에 더 비중을 둔 활동이 YMCA이다. 조선의 상류층 청년들을 위해 특단의 조치가 필요하다고 판단하여, 아펜젤러와 같이 YMCA 세계 본부에 도움을 요청했다. 미국 YMCA 세계 본부는 중국 YMCA 운동을 주도했던 라이온D. W. Lyon에게 타당성 조사를 의뢰했다.

언더우드는 라이온에게 조선의 양반 자제들 중에 복음을 듣고 싶어 하는 이들이 있다는 것과 서울에 있는 교회에 출석하는 1,500명 정도의 청년이 있고, 배재학당 등 사립학교와 관립학교 재학 중인 학생들이 많이 있다는 얘기를 했다.

그러면서 1903년 10월 28일 창립총회를 개최함으로써 황성기독교 청년회가 창설되었다. 초대 황성 YMCA 회장은 게일이 맡았으며, 이사는 언더우드를 포함하여 모두 12명이 선출되었다. YMCA는 1904년 가을부터 야학을 시작했다. 실기 중심으로 뜨개질, 도자기 굽기, 비누 만들기, 가죽 이기기, 염색 등이 편성되었다.

언더우드는 1914년에 창설된 조선기독교청년연합회 회장을 맡았다. 조선기독교청년연합회는 '단일 조직으로 조선에서 가장 큰 단체의 하나'가 되었다. 서광선은 "기독교와 기독교 청년운동이 민족 독립운동의 시작"이라며 의미를 부여하기도 하였다. 이처럼 YMCA는 구국계몽기에 한국에서 선구적인 사회운동의 중심이 되었고, 그 대표적인 인물이 이상재와 이승만이다.

문명개화사업과 그리스도신문 발간

언더우드는 조선선교의 시기를

① 씨뿌리는 단계(1885~1890년)

② 확장단계(1890~1895년)

③추수단계(1895~1900년)

로 구분하였다. 그는 두 번째 단계인 개신교의 확장기에 활동영역을 넓히며 교회 개척에 나서 현저한 교회 증가를 이루었다.

교회의 증가는 문서 선교 활동의 증가를 가져왔고, 신문창간을 준비하여 빈튼Cadwalder C. Vinton(1856~1936)과 함께 1897년 4월 1일 『그리스도신문』을 발간하였다. 창간사 기사에서 '그리스도 신문을 설립하는 것은 조선 백성을 위하여 지식을 널리 펴려하는 것'이라고 창간목적을 서술했다.

즉 교회와 성도들에 한정된 신문이 아니라, 조선 사회 전체에 영향을 끼칠 수 있는 신문으로 '농민을 위한 농사정보', '공인을 위한 과학', '상인을 위한 시장보고서', '기독교 가정을 위한 가정생활 기사' 등으로 이루어졌다. 이렇듯 신문 발간은 교회 공동체 내의 매개체, 그리고 조선 시민에게 필요와 요구에 부응하는 것에 그 목적이 있었다.

우리나라
민족사적 의미에서의
의의와 교훈

언더우드는 우리 민족사적 의미에서 단순한 특정 단체의 선교사를 뛰어넘어 일제 식민지의 현장 및 상황과 연결하여 분별력 있는 대처를 했다. 그리고 복음에 대한 인간사랑愛民이라는 관점에서 볼 때 의미가 있다.

1884년부터 1910년까지 조선에 들어와 활동한 개신교 선교사는 497명이다(참고문헌: 류대영, 「초기 미국선교사 연구」, 한국기독교역사연구소, 2001, 27. 재인용. 정운영, 「언더우드의 선교활동과 애민교육」, p.3). 그중에서도 언더우드의 논문 수가 가장 많은 것만 봐도 우리 민족에게 얼마나 많은 영향을 끼쳤는지 짐작할 수 있다.

조선기독교대학Chosen Christian College은 조선 시민으로서의 주체적 인간상을 지향하며 주어진 경계境界, 곧 자신이 속한 공동체의 독립과 자립을 이끌 동량棟梁을 육성하기 위한 사업이었다. 우리 민족의 입장에서 보면 좌절과 절망 속에 빠져 있는 어두움에서 복음에 의한 인간화의 실현이라고 볼 수 있다.

언더우드가 학교를 설립하고 운영한 것은 일본 제국주의의 보호 및 식민지 정책으로부터 조선을 보전하기 위한 제도적 접근이었다고 할 수 있다. 그는 기독교인만이 다니는 곳이 아니라, 교회 밖의 사람들이 다니고 싶은 의학교가 있는 종합대학의 꿈을 가지고 있었다. 언더우드는 비록 조선이 일제 식민치하에 있지만, 조선인임을 잊지 말고 조선인으로 살아가려는 의지를 잃지 않아야 한다고 생각했다. 조선에서 실현하고자 하는 고등 교육의 이상을 통해 조선인 스스로 독립적인 주권을 회복할 수 있으리라는 인식이 있었다.

언더우드의 아들, 원한경(언더우드 2세)은 1919년 3·1운동을 직접 목도했다. 3·1운동 이후 일제가 무력으로 자행한 양민학살과 교회 탄압을 직접 조사했던 원한경은 일본에 대한 경계심을 가졌다. 실제로 경기도 수원 일대의 제암리교회를 비롯하여 수촌리, 화수리 등의 학살 사건을 직접 조사하고 그 증언을 정리하여 세계 언론과 교회 기관에 보내어 일제 만행을 규탄했다(서정민, 2005, 219). 언더우드와 그 아들은 일제의 부당한 차별 등에 대해 항거하였다.

언더우드 가문은 한국에서 선교 사업이나 근대교육과 관련된 측면에서 영향력을 남겼다. 일제하의 민족 암흑기, 해방과 분단 혼란기는 물론 한국사 최대의 수난 사건인 한국전쟁에서도 나름의 역할을 감당했다(서정민, 2005, 231). 언더우드 3세(원일한)는 한국전쟁의 휴전을 위한 회담에서, 수석 통역관으로 활동했다. 성실하고 최선을 다하는 활동에 힘입어 그나마 빠른 시간 내에 휴전협정이 맺어질 수 있었다.

참고문헌

서정민, 『언더우드 家 이야기:한국과 가장 깊은 인연을 맺은 서양인 가문』, 살림출판사, 2005.

서정민 역, 『한국과 언더우드:The Korea mission field(1905~1941)의 언더우드 家』, 한국기독교역사연구소, 2004.

이광린, 『초대 언더우드 선교사의 생애:우리나라 근대화와 선교활동』, 연세대학교출판부, 1991.

정운형, 「언더우드의 선교활동과 애민 교육」, 박사학위논문, 연세대학교 대학원, 2017.

헨리 거하드
아펜젤러

Henry Gerhard Appenzeller

공저본 상임이사 허남식

아펜젤러의
생애

헨리 거하드 아펜젤러Henry Gerhard Appenzeller는 1858년 2월 6일 미국 펜실베이니아주 수더톤Souderton에서 스위스계 아버지와 독일계 어머니로부터 출생하였다. 1882년에 랭카스터에 있는 개혁교회의 프랭클린 마샬대학Franklin and Marshall College을 졸업하고, 같은 해에 두루신학교Drew Theological Seminary에 진학하여 3년의 정규과정을 마쳤으며, 1884년 11월에 엘라 제이 닷지Ella J. Dodge와 결혼했다.(참고문헌: 「헨리_아펜

젤러」『위키피디아』, ko.wikipedia.org/wiki/헨리_아

펜젤러)

　1885년 27세의 나이에 하나님의 부르심
을 받고 한국에 들어와 17년 동안 선교사
역, 성경번역 활동, 교육 활동, 출판과 언
론활동, 계몽운동 등으로 헌신하였다. 물
에 빠진 학생을 구조하다가 1902년 44세에
그의 삶을 마친 선교사이다. 그는 진정 한
국을 사랑하고 한국 사람을 사랑하다가 생명을 바친 헌신자이자 교육자
이고 민중계몽자이다*.

---

* 아펜젤러의 한국 사랑은 1897년 8월 13일 조선의 개국기념일에 행한 '한국에 대
한 주한 외국인의 의무The Obligation of Foregin Residents to Korea'라는 연설에서 잘
드러난다. 이 연설은 아펜젤러가 독립협회에서 강연했던 내용으로 한국에 주재했던
다른 어떤 외국인보다 한국 문화와 국가에 대한 존경과 자부심이 잘 드러났다. "우
리는 한국을 믿어야 합니다. 한국은 극동의 이탈리아로 멋진 나라일 뿐 아니라 인구
도 적지 않습니다. 한국에 대한 좋은 인상은 우리 외국인의 역할에 달려 있습니다.
외국인은 한국에 대한 지식이 있어야 한국을 올바르게 알고 믿을 수 있습니다. 한
국의 지난 발자취에 드러난 뛰어난 사상들은 평화의 사상입니다. 우리는 앞으로 다
가오는 미래에도 동일하게 한국을 지지하고 믿어야 합니다."(참고문헌: 『국민일보』,
http://news.kmib.co.kr/article/view.asp?arcid=0922880606)

아펜젤러는 1884년 미국 북감리교 선교위원회로부터 한국 선교사로 임명되어 1885년 샌프란시스코에서 출발하여 조선에 선교사로 입국하였다. 갓 결혼한 사랑하는 아내와 스트랜튼 선교사 가족과 함께 출항하여 1885년 2월 27일 일본의 요코하마 항에 먼저 도착했다. 이곳에서 아펜젤러 일행은 맥클레이 선교사 자택에서 열린 '제1회 한국선교사회의'에 참석하게 된다. 바로 이 회의가 감리교 한국선교회에 정식으로 조직됨으로써 향후 한국선교의 장을 여는 데 결정적인 역할을 하였다.

일본에 머무는 동안 아펜젤러는 틈나는 대로 한국어를 습득하고, 한국에 대한 정보를 수집하면서 한국선교를 위한 준비를 꾸준히 하고 있었다. 그런데 한국선교를 지망했던 친구 워즈워드가 어머니의 중병으로 한국행이 불가능하게 되었고, 언더우드와의 만남을 통하여 한국선교에 깊은 관심을 가지게 되었고, 마침내 한국선교를 향한 결단을 내리고 역사적인 발걸음을 내딛게 되었다. 드디어 한국 땅을 향해 배를 타고 떠났으며, 1885년 4월 5일 부활 주일 오후 3시에 제물포항에 도착했다.(출처: 아펜젤러 선교사 – 국제이웃선교회)

격변의 시기에 낯선 조선 땅에 들어와 하나님께 간절히 기도했다.

"우리는 부활절 아침에 이곳에 왔습니다. 사망의 권세를 이기신 주님께서 이 나라 백성을 얽어맨 결박을 끊으사 하나님의 자녀로서의 자유와 빛을 주시옵소서."

그러나 조선은 격변의 시기로 선교사역의 시작은 순탄치 못했다. 갑신정변으로 혼란한 시대 상황 속에서 조선 땅을 밟은 지 불과 일주일 만에 일본으로 건너가 2개월 동안을 머물며 기회를 엿보다가 국내정치가 안정된 1885년 6월 16일에 다시 한국으로 돌아왔다. 이후에도 명성황후 시해 사건 등 혼란과 격변기의 시대 상황 속에서 선교사역을 이어가야 했다.

최초의 근대식 학교,
배재학당培材學堂을 세우고
민주주의와 독립정신을 키우다

배재학당培材學堂은 1885년 8월 3일 서울시 정동에 세운 한국 최초의 근대식 중등교육기관이며, 배재중·고등학교, 배재대학교의 전신이다. 그리고 배재학당의 신학부는 현재의 감리교신학대학교의 모체가 되었다. 1886년 6월 8일 고종 황제는 배양영재의 줄임말인 배재학당이라는 교명을 하사하였다[*].

이 배재학당의 설립목적에 대해 아펜젤러는 다음과 같이 말했다.

"우리는 통역관通譯官을 양성하거나 학교의 일군을 양성하려는 것이 아니요, 자유의 교육을 받은 사람을 내보내려는 것이다."

학당훈學堂訓은 '欲爲大者 當爲人役'이었다. 이는 '큰 사람이 되기 위해서는 남을 섬겨야 한다'는 성경 마태복음 20장 26절에 근거한 것이다. 배재학당에서는 다양한 교과목과 과외활동으로 실질적인 인재양성이 이루어

---

[*] '유용한 인재'는 "갈보리에서 돌아가신 주의 피로써 구원받지 않고는 양육될 수 없다"고 培材學堂(유능한 인재를 양성하는 학교)의 교명을 고종황제로부터 하사 받은 사실과 함께 배재학당의 교육에 대하여 1887년 연례보고서에서 언급하였다.(참고문헌: 「한국의 좋은 친구 아펜젤러」『sgti』, http/sgti.kr/data/person/kang/3.htm/한국의 좋은 친구 아펜젤러)

졌다*.

배재학당은 다양한 분야에서 훌륭한 인재를 배출했다. 예를 들면, 대한민국 초대 대통령 이승만, 언어학자 주시경, 시인 김소월, 한국광복군 총사령관 지청천, 구한말 계몽사상가·의사 오긍선, 독립운동가·정치인 여운형, 기자 이길용(일장기 말소 사건), 독립운동가·정치인·언론인(세계사) 서재필, 독립운동가·정치인·교육가(영어, 수사학) 김규식 등이다. 배재학당은 근대식 민주주의의 교육과 독립정신의 뿌리를 내리고 꽃을 피워 열매를 맺게 하는 못자리와 같은 역할을 하였다.

---

* 교과목으로는 한문·영어·천문·지리·생리·수학·수공·성경 등이 있었고, 그 외의 과외활동으로 연설회 · 토론회와 같은 의견발표의 훈련을 시켰고, 정구·야구·축구 등 운동을 과하였다. 1887년 9월부터 한국 학생들에게 신학교육을 실시하였고, 1893년부터는 정규적인 신학교육도 함께 이뤄졌다. 학교운영방침에 이어 학년을 두 학기로 나누었으며, 수업료는 종전의 물품 대신 돈으로 받았고, 입학과 퇴학의 절차를 엄격히 규정하여 근로를 장려하였다. 1893년 8월에 열린 미국 감리회 한국 선교회 19차 연회에서는 아펜젤러를 '배재대학 학장 겸 신학부 부장'으로 임명했다.(참고문헌: 「배재학당」『위키피디아』, https://ko.wikipedia.org/wiki/배재학당)

최초의 서양식 감리교회,
정동제일교회貞洞第一敎會를 세우고
독립정신을 키우다

정동제일교회는 1985년 10월 11일 대한민국에 최초로 세워진 감리교회이다*. 덕수궁 옆인 중구 정동길 46(정동)에 있다. 정동제일교회의 벧엘예배당은 1897년에 건축되어 한국 최초의 서양식 개신교 교회로 불리며 대한민국의 사적 제256호로 지정되어 있다.

정동제일교회의 역사적인 공헌도 매우 크다. 정동교회의 초대 담임목사는 아펜젤러 선교사가 맡았고, 1902년에 제4대 담임목사로 최병헌 목사가 부임하면서 한국인이 담임을 맡게 되었다. 제5대 현순, 제6대 손정도, 제7대 이필주 담임목사는 대한민국 국가보훈처의 독립유공자 서훈을 받은 독립운동가들이다. 1919년에는 담임목사 이필주와 전도사 박동완이 민족대표 33인으로 참여하면서 3·1 운동에 적극적으로 동참했다. 3·1운동에 참가했다가 체포되어 옥사한 이화학당 학생 유관순 열사도 정동교회 신자였다. 한국의 개화운동을 이끌었던 윤치호와 대한민국 건국대통령 이승만은 모두 정동교회의 장로로 시무하였다.(출처: ko.wikipedia.org/wiki/정동제일교회) 따라서 아펜젤러가 세운 정동제일교회는 독립운동가들의 산실 중 하나였다.

---

* 정식명칭은 "기독교대한감리회 정동제일교회"이거나 "정동제일감리교회"이다. 흔히 정동제일교회, 정동감리교회로 지칭되며, 정동교회라고도 부른다.

협성회協成會를 조직하여
민족의식과 독립정신을
일깨우다

협성회協成會는 배재학당 학생이 중심이 되어 민중계몽을 목적
으로 조직한 학생인권단체이자 독립운동단체이다. 아펜젤러의 초대로
서재필徐載弼이 1896년 5월 21일부터 매주 목요일마다 배재학당에서 세계
지리·역사·정치학 등의 특강을 하였다. 처음에는 배재학당 학생이 중심
이 되었으나, 일반인도 입회가 허용됨에 따라 회원수가 폭발적으로 증가
하면서 독립협회와 『독립신문』의 계몽사상과 입헌군주제의 실천을 구현
하기 위한 사회운동단체로 그 성격이 변화하였다. 1898년 2월 임원진은
회장 양홍묵梁弘默, 부회장 노병선盧炳善, 서기 이승만李承晚 이었으며, 그
뒤 이익채·유영석·이승만·한치유韓致愈 등이 회장직을 역임하였다. 토
론회는 3가지 주제인 자주독립·자유민권·자강개혁自强改革 등으로 나누어
진행되었다*.

이렇게 협성회는 매주 공개 토론회를 열자, 국민들의 지대한 관심으로

---

* 자주독립에 대해서는 자주독립론 관계 3회, 자립경제론 관계 2회, 자주외교론 관
계 2회 등 7회에 걸쳐 토론되었고, 자유민권에 대해서는 자유평등론 관계 6회, 평등
권론 관계 4회, 국민주권론 관계 4회 등 14회에 걸쳐 토론되었으며, 자강개혁에 관
해서는 제도개혁론 관계 2회, 국방론 관계 2회, 사회관습개혁론 관계 6회, 신교육론
관계 4회, 산업개발론 관계 8회, 자강개화론 관계 4회, 국학진흥론 관계 3회 등 29회
에 걸쳐 토론되었다.

토론회가 유명해지면서 많은 청중들이 몰려들었고 열띤 토론이 전개되었으며 협성회를 토론회라고도 부르기도 했다. 이러한 협성회의 토론회는 다른 사회단체와 지방에도 영향을 끼쳐 토론이 대중화·다양화되었다. 이 토론회에서는 서구식 토론 방식이 도입되었다[*].

협성회는 토론의 내용을 홍보하기 위해 기관지 『협성회회보』를 1898년 1월 1일부터 발행하였다. 그 뒤 4월 9일부터 일간신문으로 바꾸어 『매일신문』이란 이름으로 발행하였는데, 이것이 일간신문의 효시가 되었다.

이처럼 협성회의 토론회와 출판사업은 민족여론을 창도하고, 민족문제를 제기하여 민족을 각성시키고 계몽하여 개화기의 계몽사상과 민족의식 및 자주독립정신을 확산시키는 데 크게 이바지하였다. 그리고 서재필을 중심으로 독립협회와 만민공동회가 탄생하는 진원지가 되기도 하였다.

---

[*] 예를 들어 회의하고 발언하고 구두로 표결하는 방식, 연설이 마음에 들면 박수를 쳐서 동의를 표시하는 방식 등을 서재필이 가르쳤다. 협성회의 토론회에서 다룬 주제는 학교를 세워 인민을 교육한다거나, 언론을 통해 인민을 계몽한다거나, 마을마다 우체국을 설치하여 편지를 주고받을 수 있도록 한다거나, 의회를 설립하는 정치제도의 개혁 등 근대 시민사회의 필수적인 요소가 망라되어 있었다. 이러한 토론회는 이후 배재고등학교의 협성토론대회로 현재까지 그 명맥이 이어지고 있다.

1887년 2월 7일 아펜젤러는 언더우드, 알렌, 스크랜튼과 더불어 성경번역위원회를 조직해 한글 성경 번역에도 상당한 공헌을 하였다. 아펜젤러는 마태복음, 마가복음, 고린도전, 후서를 한글로 번역하였다.

그는 출판 분야에서도 두드러진 공헌을 하였다. 배재학당 안에 삼문출판사라는 인쇄소를 만들고, 기독교 소책자들과 『독립신문』 등 일반신문을 인쇄하였다. 출판문화 사업을 통하여 그동안 지식계급에 의하여 무시되거나 천시되었던 한글을 발굴하고 보급시키는데 앞장을 섰고, 월간지를 간행하여 한국의 전통문화를 세계에 널리 알렸다.

그는 일생 동안 파란만장한 우리 민족 개화기의 역사 속에서 조선 8개 도 가운데 6개 도에 걸친 장장 1,800마일을 두루 다니며 희생정신으로 한국을 섬기다가 1902년 목포에서 열리는 성경번역위원회에 참석하기 위해서 가던 중 배가 침몰하면서 순직하였다.

이때 그의 나이 44살이었다. 한국에 27살 때 들어왔으니 17년 동안 선교사로 일한 것이다. 자신과 함께 동승했던 한국인 비서와 어린 한국 소녀들을 대피시키기 위해 안간힘을 쓰다가 결국 자기 목숨은 돌보지 못했다. 마지막 순간에도 자신을 돌보지 않고, 한국인들을 위해 목숨까지 내어주고 떠난 선교사였다. 이렇게 한국에서의 17년의 세월을 불꽃같이 살다가 떠났지만, 그의 선교의 열매들은 지금도 사라지지 않고 이 땅에 살아 숨 쉬고 있다.

아펜젤러의 시신은 현재까지도 인양하지 못했으며, 서울 마포구 합정동 양화진외국인선교사묘원에 가묘가 만들어져 있다. 이런 아펜젤러의 희생을 기리기 위해 서천 지역에 아펜젤러 순직기념관이 세워져 운영되고 있다. 그리고 그 뜻을 기리기 위해 연세대학교에는 아펜젤러의 이름을 딴 아펜젤러관(사적 제 277호)이 있다.

아펜젤러의 자녀들도 아버지의 뒤를 이어 한국에서 일평생 교육 선교사로 헌신하였다. 아들 아펜젤러 2세는 일제의 탄압 속에서도 배재학당 교장과 이사장으로 헌신하였다. 딸 엘리스 레바카 아펜젤라도 이화학당 당장을 맡아 1925년 이화여자전문학교로 승격시키고 학장으로 봉사하였다. 그녀는 신촌 캠퍼스를 조성하고 평생을 독신으로 지냈다.(참고문헌: 「헨리_아펜젤러」 「위키피디아」, ko.wikipedia.org/wiki/헨리_아펜젤러)

참고문헌

공병호, 『이름없이 빛도 없이:미국선교사들이 이 땅에 남긴 것』, 공병호연구소, 2018.

「배재학당」『한국민족문화대백과사전』, 1998.

「한국 근대교육 선구자, 아펜젤러(5):고종과 아펜젤러의 교육선교」『국민일보』, 2014.12.16.

메리 플레처
스크랜튼

Mary Fletcher Scranton

세종로국정포럼 교육위원장, 대한민국산업현장교수/유한대학교 겸임교수 이우숙

'스크랜튼'
구한말에 조선 땅을 밟다

이화여자대학교 전신인 이화학당 설립자로서 조선에 온 최초의 여성선교사이다. 다른 선교사에 비해 크게 알려지지 않은 스크랜튼, 각종 자료와 문헌을 통해 조선에서의 활약상을 소개하고자 한다.

스크랜튼은 1832년 12월 9일 메사추세츠 주 벨처타운에서 감리교 목사 에라스투스 벤튼의 딸로 태어나 1878년 예일 대학 졸업, 1882년 뉴욕 의과 대학을 마치고 오하이오에서 2년 동안 병원을 경영하다 1885년

의사인 외아들(윌리엄 B. 스크랜튼William B. Scranton)과 함께 조선에 왔다(네이버 지식백과). 적지 않은 나이에 조선에 온 스크랜튼은 이화학당을 설립하여 당시 조선사회에서 여성들에게 교육은 금기로 여겼음은 물론 바깥 세상과 철저히 가려진 소통되지 않은 폐쇄된 생활을 하고 있던 당시 여성들에게 교육의 기회를 제공함으로써 여성들도 남성들과 대등한 관계에서 활동할 수 있는 길을 연 선구자 역할을 수행한 것이다. 또한 질병으로 여성들을 위한 여성전용 병원인 '보구여관'을 설립하는 등 당시 열악한 환경과 어려운 여건하에서도 역할을 수행하였던 것은 강한 의지와 정신력, 신념에 기초한 노력의 결과라 할 수 있다.

조선에 온 스클랜튼은 많은 업적을 남기고 1909년 10월 8일 이억만리 조선땅에서 세상을 떠났다. 스크랜튼은 본인의 희망에 따라 양화진 외국인선교사 묘지에 안장되었다.

스크랜튼 부인에 의해 한국 최초로 여자아이들을 위해 설립된 학교는 이화학당이다. 그녀는 한 명을 상대로 처음 이화학당을 설립하고 발전시켰으며, 이는 한국 여학생 교육의 요람이 되었다. 지금까지 남존여비 사상이 뿌리 깊게 자리한 한국 땅에서는 여성들에게는 교육의 기회조차 주어지지 않았지만, 스크랜튼 부인의 여학교 사역의 시작으로 여성들에게는 놀라운 혁신의 기회가 생기게 된 것이다.

1903년에는 수원에 삼일 학교도 설립하였다. 초기에는 여성 해외선교회에서 파송한 여러 여성 선교사들이 함께 이화학당에서 사역했으며, 루이사 로드와일러도 이곳에서 스크랜튼 부인을 도와 사역했다. 이후 마거릿 벤겔, 조세핀 페인, 룰루 프레이 등 미혼선교사들이 1891년부터 1893년 사이에 한국에 도착했다. 1900년까지만 해도 이화학당은 작은 학교였지만 여성 선교사들이 한국어, 중국어, 영어 등 다양한 과목을 가르치고 여자아이들의 학습능력이 향상되면서 신뢰를 많이 얻게 되었다. 학생 중에 김에스더가 미국에서 의학박사 학위를 받고 돌아와 병원에서 사역하기도 했다. 1893년에는 5살에서 17살까지 학생 34명을 받아 가르치기도 했으며, 이화학당이 문을 연 지 10년이 안 되어 학생들은 선교의 소중한 조력자가 되었다.

20세기에 접어들면서 처음 10년간 이화학당은 한국에서 가장 크고 설비를 잘 갖춘 학교였다. 1901년에는 학생 수가 76명에 이르렀고, 과목을 더 많이 늘렸고, 벽돌 건물은 2층짜리 건물로 되었고, 기숙 학생 120명을 수용할 수 있게 되었다. 이화학당은 최초의 여학교이자 최고의 여성 교육 기관으로서 한국에 기독교 여성 지도자를 양성하는 데 크게 이바지했다. 개교 50주년을 맞을 무렵 동문 중에는 최초의 여자대학 졸업생, 최초의 의사, 최초의 여성 박사가 있었고, 한국 최초의 공인 보육사도 있었다. 이들은 선도적인 기독교 신자이기도 했다. 여자아이와 여성을 위해 서울에 설립된 초창기 기독교 기관들 중 상당수를 이화학당 학생들과 졸업생들이 조직하고 운영했다. 이들의 활동은 한국에서 개신교가 싹을 틔운 초기 몇십 년간 기독교 운동의 대명사가 되었다.

1832년 12월 9일 메사추세츠 주 벨처타운에서 감리교 목사 에라스투스 벤튼의 딸로 태어나 격랑의 시기인 1885년 의사인 외아들(윌리엄 B. 스크랜튼William B. Scranton)과 함께 의료와 교육 선교의 꿈을 가지고 한국에 왔던 그녀는 당시 30세 전후의 의료 선교사들의 대모와 같았던 존재였다. 실제 많은 젊은 선교사들이 서로 사랑하여 결혼하며 그녀를 어머니처럼 따르고 상의하던 시절이었다.

1886년 서울 정동에 한 명의 여성을 맞아 한국 근대 여성 교육의 효시인 여학교를 세웠는데 1887년 명성왕후는 이 학교에 '梨花'라는 교명을 내려주었다. 梨花라는 교명은 정동 일대가 배밭이었고, '이화정'이라는 건물이 있었기 때문이었다. 한국 여성이 배꽃같이 순결하고 배 맛같이 시원하고 향기로운 열매를 맺으라는 뜻이 담겨 있다.

갑신정변 후 북아메리카 감리교회에서 파견된 5인의 여자 선교사 중한 사람이었던 스크랜튼 부인은 한국에 대한 애정이 각별해 한국에 도착하기도 전에 "일본에서의 생활은 즐거우며 선교사들의 생활 조건도 훌륭

하나 나는 내 민족(한국인)에게 가서 그들 속에서 살고 싶다."라고 하기도 하였다. 당시 여성들은 모두 규방에서 집안일을 배우며 교육의 기회를 박탈당하거나 하층민 여성의 경우 매매의 대상이 되었기 때문이다. 남녀내외법도 스크랜튼 부인의 큰 고민거리였다. 설교하거나 가르치는 사람은 대부분 남성이었는데 이들은 여학생들과는 얼굴을 맞댈 수 없었다. 이화학당에서 남자 선생이 있다는 소문을 들은 학부모들은 앞을 다투어 딸을 데려가겠다고 법석을 피웠는데, 따라서 스크랜튼은 설교자와 청자 사이에 휘장을 치고 서로 그 모습을 바라보지 않게 하는 방법을 이용하였다. 1905년 내한한 프레이의 도움을 받아 매향, 달성, 공옥, 매일여학교를 세웠다. 또한 진명, 숙명, 중앙여학교들의 설립을 도우고 동대문, 상동, 애오개 병원과 교회를 도왔다. 수원, 여주, 이천, 천안, 홍성 등에서 선교와 교육활동을 하다가 1909년 10월 8일 세상을 떠났다. 스크랜튼은 본인의 희망에 따라 양화진 외국인 선교사 묘지에 안장되었다.

여성교육의 요람
이화여자대학

1910년 이화는 우리나라 여성 교육 사상 최초로 대학 교육을 시작하였으며, 이는 대한민국 여성 고등교육의 효시이다. 1925년 종합대학교로 성장하려던 이화의 노력은 일제의 억압 정책으로 시련을 겪게 되었고 전문학교로 격하되었다. 최초 졸업식은 1927년 3월 18일이다. 이화학당이라는 이름은 이화 전문학교로 개편되었다. 1933년에는 이화학당과 이화학원으로 재단이 분리되었고, 1943년 8월 7일 재단법인 이화학당으로 설립등기 되었다. 이화는 신촌 캠퍼스로 이전하여 종합대학교로 향하는 새로운 전기를 맞이하였다.

일제 강점기에 와서 두 번의 강제 개명을 당하여 1943년에는 이화여자전문학교 청년 연성소지도자 양성과로 변경되었으며, 1945년에는 이화라는 이름이 민족적 색채를 강하게 띠고 있다 하여 경성여자전문학교로 변경되기도 하였다.

이화여자전문학교로 존재하는 동안 일본인 졸업생은 없고 두 명만 재학했던 것으로 알려질 만큼 민족적 색채가 짙은 학교였다. 경성 여자의학전문학교 혹은 숙명 여자전문학교, 경성여자 사범학교는 일본인 학생이 입학하거나 졸업을 하였다. 일본인과 조선인 통틀어 경성제국대학을 졸업한 신진순이 이화여자 전문학교 출신이며, 모윤숙과 조정숙, 이남덕, 고옥남이 경성제국대학을 졸업했다.

그러나 1945년 민족의 해방과 함께 이화는 본래의 이름을 되찾게 되었으며 이화전문대학교라는 이름을 거쳐 이화여자대학교로 오늘에 이르고 있다. 1945년 8월 15일 광복과 함께 이화는 대한민국 대학 사상 최초로 종합대학교의 꿈을 실현하였으며, 이화는 해방 직후 문교부 1호로 종합대학교 인가를 받아 냈다.

2010년 발간된 '한국을 사랑한 메리 스크랜튼'(이화여자대학교출판부)에서 이경숙 교수는 "스크랜튼 선생님의 정신은 한마디로 '기독 정신'으로 여성의 능력을 믿고 여성을 억압으로부터 해방 시켰다."며 "선생님의 정신을 계승하고 발전시켜 전 지구적 차원의 새 문화를 창조하는 여성이 되어야 하는 시점"이라고 말한다.

이덕주 교수는 미국 감리교 여성 해외선교회 등에 보고된 스크랜튼 부인의 선교 활동에 대한 기록을 정리하면서 "그가 한국에 와서 보여준 삶과 사역은 '예수 사랑의 실천'이었다."고 말한다. 스크랜튼 부인은 서울 도착 직후 본국에 보낸 보고서에서 '우리가 전혀 안전하지 않다는 것을 잘 압니다. 그렇지만 전혀 두렵지 않습니다. 인간의 지혜를 뛰어넘는 차원의 약속을 믿기 때문입니다.'라고 적었다. 엘렌 스완슨씨는 스크랜튼 부인의 친가인 벤튼 가문과 스크랜튼 가문의 족보를 추적해서 메리 스크랜튼 부인의 어린 시절 삶과 결혼 기록 등 한국에 오기 전 미국에서의 생애를 자세히 소개한다.

스크랜튼 부인은 한국 최초의 여선교사로서 여성교육에 이어 1888년 1월 주일학교를 시작하였다. 이것은 이화학당을 구성하고 있는 식구들을 중심으로 12명의 여아들, 학당일을 돕는 한국부인 3명, 여선교사들이 참여한 것이었다. 이렇게 주일학교를 시작한 지 한달여 후 55명이나 되는 많은 여성들이 출석하였다.

한국 사회는 전통적으로 여성들에 대한 낮은 인식과 열등하게 대하는 태도 때문에 여성들에게 접근하기 어려웠고, 더욱이 내방 깊숙이 있는 한국 여성들을 만나기조차 어려운 환경이었다. 이러한 환경 속에서 한국 여성들을 전도하기 위해 선교사들은 언어적인 장애나 문화적 차이 등을 극복하기 위해 전도부인을 고용하였다. 여성들에게 복음을 전해야겠다는 노력이 언어부족과 은둔되어 있는 한국 상황에서 선교사들은 전도부인을 쓰게 된 것이다. 전도부인들은 성경을 열심히 읽는 훈련을 받았고, 여선교사들과 함께 순회전도에도 열심히 했다. 이때 한국의 전도 부인의 활동이야말로 선교사들의 복음전파 사업에 지대한 영향을 주었다. 어려운 시기에 복음하나 들고 머나먼 이곳 한국에 와서 온갖 질병과 어려운 환경을 딛고 한국기독교 발전에 공헌한 여성선교사들의 역할이 크다. 사실 한국에 파송된 선교사 통계에 따르면, 미국인 선교사의 60% 이상이 선교사 부인과 독신여성이었다.

한국 근대 여성 교육은 여성 선교사들에 의해 시작되었다. 근대 여성 교육은 스크랜튼 부인이 서울에 이화학당을 세우면서 시작되었으나, 처음에는 근대교육에 대한 무지, 여성 교육에 대한 무관심, 외국인들에 대한 공포가 겹쳐 학생 모집 자체가 어려웠다. 그 이후 지방으로 복음이 전파되면서 지방에도 여학교들이 설립되기 시작하였다.

1887년 11월에는 200평 규모 기와집 교사校舍가 완공되었고, 1889년 최초로 한국인 이경숙을 교사로 채용하면서 한글과 한문 교육이 시작되었고, 한글과 영어로 기초과목과 종교과목을 가르쳤다. 1891년에는 기와집 교사를 헐고 붉은 벽돌 2층 건물을 세웠다. 1902년에 이르면 남양 군에 9개의 교회들이 세워졌다. 1902년에 남양에 여학교와 함께 9개 교회 내에 여학교들이 세워졌다.

이러한 학교들에서 안 이리사벳이 교사가 되어 소녀들뿐만 아니라 부녀자들에게 한글과 산수를 가르쳤으며, 특히 한글을 가르쳐 이들이 사경회에 참석할 수 있도록 이끌었다. 안 이리사벳은 교사이면서 동시에 전도부인의 역할을 하여 많은 사람들에게 복음을 전파하였다. 이러한 교육과 복음전파를 통하여 많은 여성들이 자신들의 주체성을 확립하면서 근대적인 의식을 가지게 되었다.

1906년에 이르면 보흥여학교와 양정의숙 등이 설립되었고, 보흥여학교에는 많은 여성들이 찬성원으로 참여하여 여성교육을 후원하였으며, 여성들이 기독교 신앙을 가져 세례를 받으면서 이름을 가지게 되었고 학생들은 학교에 다니면서 어려서부터 이름을 가지게 되었다. 그리고 보흥여학교 학생들과 찬성원들은 국채보상운동에 참여하였다. 양정의숙의 여학생들은 서울에서 처음으로 여학생연합운동회가 열리던 1907년에 남학생들과 함께 운동회에 참여하게 되었다. 이러한 운동회의 참석은 여성들이 근대교육과 함께 체육교육을 받게 되었을 뿐만 아니라 남자들과 함께 경쟁에 참여하고 함께 애국가와 운동가를 부르면서 단합심과 애국심을 가지게 되었다는 것을 의미한다. 그리고 여성들은 의성회를 조직하여 남양에서 제일 먼저 100명이 넘게 국채보상운동에 참여하였고 서울에서 1906년에 조직되었던 여자교육회 지부를 남양에서 조직하여 여성교육뿐만 아니라 남성들의 교육까지 후원하게 되었다. 이처럼 남양에서는 복음이 전파된 후에 여성 교육기관이 설립되어 여성 교육을 담당했을 뿐만 아니라 근대의식과 민족의식을 자각한 여성들이 애국 계몽운동 단체를 만들어 애국계몽 운동을 조직적으로 전개하였다.

1904년에 중등과(4년)를 설치하여 1908년 중등과 제1회 졸업생을 배출했고, 같은 해에 보통과와 고등과를 신설하였다. 그리고 1910년에 대학과(4년)를 신설함으로써 초·중·고등 교육을 모두 아우르게 되었다.

이화여자고등 보통학교는 1938년 이화고등여학교에서 1946년 이화여자중학교(6년)로, 1950년에는 3년제 이화여자중학교, 고등학교로 분리 개편되었으며, 현재는 자율형 사립고로 전환되었다. 대학과는 1925년 이화여자전문학교에서 1943년 일제의 탄압으로 여자청년연성소 지도자양성과(1년)로 격하되었다가 1945년 경성여자전문학교로 개칭하였고 동년 10월 '이화'라는 교명을 되찾고 종합대학교로 승격했다. 143년 전 정동의 한옥방에서 싹튼 한 여선교사의 꿈이 자라나 지금의 이화여고와 이화여대가 된 것이다. 한편 이화학당은 기독교계 교육기관으로 총독부 제약을 덜 받았기에 학생들의 민족의식도 남달랐다. 3·1운동은 물론 6·10 만세운동, 광주학생운동에 호응한 1929년 말~1930년 초 서울학생시위에도 적극 참여하였다.

이처럼 이화학당은 전통적으로 여성 교육이 전무하던 우리나라 여성들에게 기독교 정신에 입각한 근대교육을 함으로써 여성의 의식을 깨우고 다양한 사회진출을 가능케 하였다. 3·1운동의 상징적인 여성운동가 유관순 외에도 우리나라 최초의 여자 양의사 박에스더(김점동), 한국 여성 최초로 미국에서 문학사 학위를 받고 와서 여성 계몽운동을 펼치고 독립운동을 하다가 북경에서 독살당한 하란사 등 역사적인 인물들이 배출되었다. 현재 이화여고 내에는 심슨기념관(등록문화재 제3호), 정문으로 쓰였던 사주문, 유관순 열사가 빨래하던 우물터가 남아 있으며, 본관 뜰에는 한국 여성 신교육의 발상지 기념비가 서 있다.

"내가 하는 일이 이 땅의 사람들 마음에 들든지 안 들든지 나는 이 땅의 사람들을 사랑하기로 마음먹었다."

그가 남긴 이 글처럼 스크랜튼 부인은 초로의 나이에 열악한 환경의 이 땅에 찾아와 그리스도의 정신으로 진정으로 이 민족을 사랑하며 섬겼다. 특별히 여성사회를 변혁시키고 근대화해서 한국사회의 전체적인 여성의 식들을 변화시키겠다는 의지로 이화학당을 설립함으로 근대 여성교육의 선구자 역할을 했을 뿐 아니라, 한국 최초의 여성병원인 보구여관保救女館을 설립 운영하고 여선교회를 조직하였으며 '전도부인'을 조직하여 지방 전도·교육 활동을 펼치는 등으로 구한말 여성인권 향상과 교육, 의료, 복지에 기여한 감리교뿐 아니라 전체 기독교 여선교사들의 대모이다. 조선인들은 스크랜튼 부인에 대한 존경심으로 그를 '대부인大夫人'으로 불렀다.

민족사적 의의와 교훈

이경숙 교수는 한국의 여성교육에 대한 스크랜튼 부인의 신념과 이를 계승한 이화여대의 교육 이념에 대해 논하면서, 스크랜튼 부인의 여성교육정신을 한국 여성의 입장에서 신학적으로 해석해보고, 그의 여성교육정신을 이화여대의 역사에서 앞으로 어떻게 발전시켜 나갈 것인가 하는 문제에 대해 성찰한다.

한국 정부는 2009년 12월 스크랜튼 부인 서거 100주년을 맞아 일반인에게 수여하는 훈장으로서는 최고 훈장인 무궁화 훈장을 스크랜튼 부인에게 추서했다. 개화기 한국 여성교육과 한국 사회계몽에 지대한 공헌을 했으며, 이를 통해 한국 역사에 큰 영향을 끼친 메리 스크랜튼의 업적이 더 많은 책과 자료를 통해 우리 근현대사에서 보다 잘 평가되고 질곡의 한국사에 긍지를 심어준 것이 재조명되기를 기대해본다.

스크랜튼 부인은 한국의 버려진 아이, 아무도 돌보지 않는 아이, 가난한 아이, 굶고 있는 아이들의 인자한 어머니이자, 신앙의 어머니다.

참고문헌

이경숙 외, 『한국을 사랑한 메리 스크랜튼』, 이화여자대학교출판문화원, 2010.

장병욱, 『한국감리교여성사』, 성광문화사, 1979.

이정희, 석사학위, 총신대학교 신학대학원 신학과, 2014.

임지아, 석사학위, 협성대학교 신학대학원 역사신학과, 2012.

루이스 헨리
세브란스

Louis Henry Severance

공저본 상임이사, 세종로국정포럼 차세대교육위원장,
한국융합미래교육연구원 원장 황재민

한눈에 보는 세브란스병원 그리고
'세브란스'

세브란스병원은 1885년 한국 최초의 서양식 근대병원이자 의료기관인 제중원에서 출발한다. '많은 사람을 구제하는 곳'이라는 의미를 지닌 제중원이 세브란스병원의 전신前身이다. 보다 많은 대중에게 의료 혜택을 베풀고자 하는 제중원의 창립 정신을 실천하는 세브란스병원의 역사가 본격적인 현대적 의학 교육과 의학 연구의 역사와 그 맥을 같이하고 있다.

제중원은 미국의 기업가이며 재력가인 '세브란스'로부터 아무런 일체의 조건이 없이 병원 건축을 위해 거액을 기부받았다. 그리고 1904년 지금의 서울 소재 남대문 근처에 현대식 병원을 건립하고, 그 이름을 세브란스병원이라 개칭하여 확대 발전하게 된다. 1900년 미국 클리블랜드의 실업가이자 자선 사업가인 루이스 헨리 세브란스Louis Henry Severance의 후원으로 실현될 수 있었다. 거액 기부에 대한 주위의 반응에 대하여 세브란스 본인은 "도움을 받는 당신의 기쁨보다 도움을 주는 나의 기쁨이 더 큽니다."라고 대답하였다. 세브란스는 그 이후에도 지속적으로 각별한 애정을 갖고, 세브란스병원에 기부금을 전달하였다. 특히 그의 아들과 딸까지도 대代를 이어 기부에 동참하였다.

세브란스는 미국에서 열린 조선 의료선교에 대한 에비슨 선교 의사의 강연을 듣고 크게 감화를 받았다. 그리고 우리 조선 땅에 최초의 현대식 병원을 세우도록 그 당시 초창기 기간에 걸쳐서 후원금으로 무려 4만 5천 달러를 기부하였다. 기부 문화가 일반화된 서구 사회라면 그의 이름이 병원 이름으로 남는 것쯤이 그리 대단한 일인가 생각할 수도 있겠지만, 개화開化를 바로 눈앞에 두고 더욱이 열강의 치열한 세력 다툼 앞에서 무기력하기만 했던 1900년대 조선의 입장에서 본다면 세브란스의 기부 결정은 대단한 결단이었다.

남대문 근처에 40병상 규모로 지어진 새 병원 건물은 1904년 9월 봉헌식을 거행하였다. 그리고 이때부터 병원 이름을 세브란스의 이름을 따서 '세브란스기념병원'으로 정하였다. 새로운 병원에서의 첫 수술 대상자는 "빛으로 인도한다."는 의미에서 백내장 환자를 선택하였다. "빛으로 인도한다."는 것은 시력을 회복하게 한다는 육체적 의미도 있으며, 더 나아가 환자의 영혼을 복음의 빛으로 인도한다는 선교적 의미가 동시에 내포되어 있었다.

그리고 이제는 세계를 향한 발걸음을 크게 내딛고 있다. 중국 진출이 그것이다. 중국은 '건강 중국 2030'을 슬로건으로 2030년까지 중국 인민들의 의료를 선진적인 수준으로 끌어올리겠다고 선포하였다. 세브란스병원과 중국의 신화진 그룹은 지난 2014년 양해각서를 체결했고, 2016년에는 합작법인을 설립해 병원 건립을 구체화하였다. 칭다오 세브란스병원은 총 1천 병상 규모로 건립되며, 오는 2021년 하반기 개원을 목표로 한다. 건립에는 약 3천500억 원의 예산이 투입되며, 세브란스병원과 신화진 그룹이 절반씩 출자한다. 칭다오 세브란스병원의 건립이 현지 주민의 건강 증진과 지역 경제 활성화 등 양 측면에서 모두 기여할 것으로 기대된다.

세브란스 가문

루이스 헨리 세브란스Louis H. Severance(1838-1913)는 1838년 8월 1일 미국 오하이오 주 클리블랜드 시에서 솔로몬 세브란스Solomon L. Severance와 메리 롱Mary H. Long사이에서 태어났다. 세브란스의 아버지는 그가 태어나기 한 달 전에 사망하면서 유년시절 그는 클리블랜드 최초의 의사였던 외할아버지David Long 집에서 생활하였다. 세브란스의 어머니는 클리블랜드에서 자선가로 이름이 널리 알려져 있었으며, 노예제도를 반대하는 논의에도 참가한 것으로 유명하였다.

세브란스는 공립학교에서 초등교육을 받았고 고등학교를 졸업하였지만, 대학에는 진학하지 않았다. 그는 18세가 되던 1856년 클리블랜드의 상업은행Commercial Bank에 취직하여 약 8년 동안 근무하였다. 그는 1864년 필라델피아의 티투스빌Titusville로 이주하여 약 10년 동안 사업을 하다가 1874년 클리블랜드로 돌아왔다. 그리고 1876년부터 1895년까지 스탠더드 석유회사Standard Oil Company의 회계 담당자로 근무하였다. 세브란스는 사망할 당시 스탠더드 오일의 대주주였다. 세브란스는 1862년 화니 베네딕트Fanny B. Benedict와 결혼하였지만 그녀가 1874년 사망하자 1894년 플로렌스 하크니스Florence Harkness와 재혼했는데 그녀 역시 1년이 채 되지 않아 사망하였다. 세브란스는 복부 동통으로 1913년 6월 25일 밤 10시 15분 유클리트Euclid 가街 811번지 사위인 더들리 피 알렌 박사 집에서 임종하였다. 세브란스는 레이크 뷰 공동묘지Lake View Cemetery에 있는 가족 묘지에 안장安葬되었다.

세브란스는 록펠러(존 데이비슨 록펠러John Davison Rockefeller)의 동료로 8백만 달러로 평가되고 있는 스탠더드 석유회사의 경영자로 대주주 중의 한 사람이었고, 기본적으로 교회에 헌신한 사람이었다. 그는 클리블랜드의 우드랜드 가街 장로교회의 신도이었으며, 뉴욕의 미국 북장로회 해외 선교부에 많은 지원과 관심을 쏟았다. 1900년 이후 그는 약 50만 달러를 해외 선교를 위해 희사喜捨하였다. 교육에도 관심이 많았던 세브란스는 오하이오 주의 우스터 대학과 오벌린 대학Wooster College, Oberlin College,

그리고 웨스턴 리저브 대학교Western Reserve University의 재단 이사였으며, 많은 규모의 후원금을 교육 사업을 위해 기부하였다.

세브란스는 기부금을 희사할 때마다 받는 사람들에게 이런 말을 남겼다.

"물질의 주관자는 하나님이십니다. 제 돈이 아니라 하나님의 돈입니다."
"받는 당신보다 주는 나의 기쁨이 더 큽니다."
"하나님이 주신 선물입니다."

이러한 내용의 말들은 평소 루이스 세브란스가 가졌던 삶의 자세이고 정신이었다. 만약 이것이 겸손을 가장한 말이었다면, 세브란스의 '정신'은 자기만족으로 끝났을 것이다. 하지만 의사였던 외할아버지와 자선사업가였던 어머니에게서 물려받은 대를 이은 세브란스의 '정신'은 자녀들에게까지 계속 이어져 전해졌다. 세브란스의 장남은 평생 세브란스병원과 세브란스 의학전문학교를 후원했으며, 장녀인 엘리자베스도 한결같은 후원자가 되었다.

1900년 4월, 뉴욕 소재 카네기홀에서 개최된 세계 선교대회에 참석한 에비슨은 교파를 초월한 연합병원을 설립할 수 있다면, 한국에서 매우 효율적으로 의료선교사업을 할 수 있다는 점을 강조했다. 그때, 에비슨의 강연을 듣고 감동을 받은 세브란스는 기부를 결심했고, 그 기부금으로 세브란스병원이 건립되었다.

• 참고 사항 •

올리버 R 에비슨Oliver R. Avison(1860-1956)

에비슨은 1860년 6월 30일에 영국 요크셔에서 태어나 1866년 캐나다로 이주하였다. 1884년에는 토론토의 온타리오 약학교를 졸업 후에 모교에서 교수로 활동하였다. 1884년 토론토 대학교 의과대학에 편입하고, 졸업한 후에 강사를 거쳐 교수가 되었으며 토론토 시장의 주치의로도 활약하였다.

1892년 선교 모임에서 만난 언더우드로부터 해외 선교의 제안을 받자 곧바로 교수직을 사임하고 미국 장로회 해외선교부의 의료 선교사가 되었다. 1893년 가족과 함께 부산을 거쳐 8월, 서울에 도착하였다. 제중원의 제4대 원장, 세브란스의학전문학교와 연희전문학교 교장을 역임하면서 한국 최초의 면허 의사 7명을 배출한 교육자이다.

에비슨은 한국인의 능력을 인정하고 스스로 미래를 개척할 수 있도록 교육을 통한 계몽을 실천해 왔다. 1893년 조선에 도착한 에비슨은 모두가 교육을 받아야 한다는 신념으로 백정의 아들에게 의학을 가르치고, 의학을 배우고자 하는 우수한 학생들을 위해 의학 교과서를 한글로 번역하는 등 교육에 힘썼다. 1935년 11월까지 한국에서 체류하며 의료사업을 하다 1956년 8월 26일 96세에 임종하였다.

다음은 에비슨과 관련한 일화逸話이며 실제 사례이다.

에비슨이 서울에 온 지 얼마 안 되어 백정들이 사는 동네로 왕진을 가서 병든 박성춘이라는 사람을 치료해 주게 되었다. 백정은 그당시 최하층의 신분으로 무적자無籍者여서 인구조사에서도 제외되었다. 심지어 어린아이들조차도 백정을 무시하여 하대下待를 하였다. 고종 황제의 주치의였던 에비슨이 박성춘이라는 백정의 집까지 직접 방문하여 박성춘 자신의 신체에 손을 대면서 기꺼이 치료를 해주었다. 그리고 여러 차례 박성춘을 찾아가서 완쾌될 때까지 돌보아 주었다. 그는 천민 계급인 자신에 대하여 정성을 쏟으며 치료해

주는 에비슨 선교사에게 감동을 받고, 보답할 길을 알려달라고 하였다. 에비슨이 교회 출석을 권함에 따라 그의 가족들은 교회를 나가고 아들들은 주일학교에 나가게 되었다고 한다. 후에 박성춘은 장로가 되어 한국 교회를 위해 큰 헌신을 하였다. 지금의 서울시 종로구 인사동에 있는 '승동교회' 탄생에 큰 역할을 하였다.

세브란스와 에비슨의 만남은 곧 세브란스와 한국과의 만남이었다. 1900년 4월 세계선교대회에서 주최 측이 에비슨에게 요청했던 발표 주제는 '의료선교에 있어서 우의友誼'였다. 이것은 선교사업 중 부딪히는 갈등 양상에서 어떻게 양보하고 협력할 것인가를 논하기 위한 것이었다. 에비슨은 한국의 의료 선교에서 성과를 높이기 위해서는 분파적이고 개별적인 상황을 종료하고 연합하자는 것에 초점을 맞췄다.

"한국에 현재 설립된 병원들은 건물, 장비, 인력, 소득 등 모든 측면에서 부족한 점이 많습니다. 부족함의 이유는 자금의 궁핍입니다. 자금 궁핍의 이유는 각 선교단체가 제대로 병원 운영 업무를 하려면 상대적으로 돈이 많이 들기 때문입니다. 예를 들어서 서울에는 8개의 병원과 진료소가 있습니다. 그리고 모두 합하여 9명의 의사와 6명 내지 7명의 간호사가 있습니다."

당시 발표를 듣고 있던 우리 나이로 63세의 루이스 헨리 세브란스Louis H. Severance는 어느 곳엔가 병원을 기부해야겠다고 평소 생각을 가지고 있었고, 교파 연합이라는 에비슨의 연설에 크게 공감하였다. 그 당시 대부분의 외국인들은 조선이 어디에 있는 나라인지도 모르고, 심지어 미국에서 조선으로 오는 편지의 겉봉에 '일본국 조선' 혹은 '중국 조선'이라고 기재할 정도로 미지의 미개척지 상태였다. 그 결과 미국인들은 조선이 중국이나 일본에 속한 어느 섬이라고 생각하는 것이 일반적이었다.

세브란스가 이러한 낯선 이국땅인 한국에 병원을 기부하게 된 것은 '에비슨'과의 만남이 결정적인 계기가 된 것은 분명하다. 에비슨은 막연히 병원을 건축하겠다는 구상만 한 것이 아니었다. 당대當代의 유명한 건축가인 고든Henry B. Gorden(1855~1951)과 새로 건립될 병원에 대해 논의하면서 40병상 규모의 병원을 계획했다. 고든은 그런 병원을 짓기 위해서는 대략 1만 달러가 소요될 것이라는 것과 자신이 그 병원을 위해 설계도를 기부하겠다는 뜻도 제안했다. 병원이 건립되기도 전에 병원에 대한 첫 번째 기부는 그렇게 이루어졌다. 병원 설계도를 갖게 된 에비슨은 세브란스와의 첫 만남에서 자신이 갖고 있던 설계도면을 보여줄 수 있었고, 세브란스는 에비슨의 병원 건설 구상을 더욱더 신뢰하게 되었다.

세브란스 병원은 약 300평의 규모로 너비 13미터, 길이 27미터의 지하실이 있는 2층 건물이었다. 지하실의 천장이 아주 높고 밝아서 3층인 셈이다. 3개의 대기실, 1개의 진찰실, 1개의 실험실, 약국, 1개의 약품창고, 보일러와 석탄 저장고, 주방과 세탁실, 건조실로 구성되었다. 1층에 의사 전용 사무실, X-선 시설, 증기탕 시설, 관절치료를 위한 뜨거운 공기 기구, 코와 목 등의 치료에 필요한 압축 공기 기구, 기타 특별한 기구, 3개의 남자용 입원실, 침대보를 두는 벽장, 남자용 화장실과 목욕실, 여자용 화장실과 목욕실, 집회장 등이 있었다. 이 모든 시설과 기구에 공급하는 전력실이 진찰실과 문으로 통해 있었다. 2층에는 7개의 입원실, 목욕실, 화장실, 간호사실, 수술실 등이 배치되었다.

1904년에 완공된 새 병원의 규모는 지금의 아담한 중소병원 크기에 불과하지만, 그 당시에는 세계 그 어느 병원과 비교하여도 뒤지지 않을 정도의 최신식 종합병원 수준이었다. 건물 전체에 중앙난방이 공급되어 병실 전체가 일정한 온도를 유지할 수 있었다. 또한 급수관에서는 365일 온수와 냉수가 동시에 공급되었다. 최신 장비가 구비된 실험실에서는 다양한 기구로 진단에 필요한 각종 실험을 할 수 있었다. 그 당시 세브란스병원은 20세기 초 위생설비와 실험의학의 최신 성과를 최대한 반영한 최첨단의 병원이었다.

세브란스의
한국행行

세브란스는 70회 생일을 기념하기 위하여 1907년 1월 28일부터 1908년 5월 25일까지 16개월 동안 자신의 가정 주치의였던 러들로A. I. Ludlow와 함께 아시아 지역의 북장로회 선교 지부를 방문하기 위하여 여행길에 올랐다. 중국과 만주에서 4개월, 일본에서 2개월, 인도에서 4개월, 그리고 한국에서 3개월 동안 머물렀다. 한국에서는 특히 세브란스병원과 세브란스의학교를 방문하여 여러 선교사들의 교육 활동과 진료봉사에 크게 감동하였다.

서울에 체류 중이던 세브란스는 마침 병원의 추가적인 건축 공사가 진행 중인 공사장을 시찰하면서, 병원의 맨 밑층을 진료소로 사용하겠다는 에비슨(세브란스병원 초대 원장)의 계획을 듣고 다음과 같이 언급하였다.

"진찰 사무가 중요한 일인데, 이 건물 중에서 가장 불편해 보이는 지하실을 사용하는 것이 옳습니까? 진찰 사무를 위하여 특별히 별도의 건물을 건축하는 것이 필요하지 않겠습니까?"

이 말을 들은 에비슨은 크게 놀랐다. 왜냐하면 세브란스가 근본적인 발전 방안에 대하여 문제 제기를 하였기 때문이었다. 원래 세브란스에게 요청하려고 사전에 설계도를 만들어 둔 것이 있었지만, 우선은 시급한 문제만 해결하려는 생각이었다. 그리고 세브란스는 1만 달러를 기부하였다. 세브란스는 모든 관점에서 세브란스병원의 설비와 규모가 더욱 확대되어야 한다고 생각하였다.

우리나라의 전통 있는 민간병원 대부분은 19세기 기독교 선교 초기에 외국 선교사들에 의해 설립되고 발전하였다. 세브란스병원의 설립은 선교 역사상 커다란 전환점이었다. 병원 설립을 위하여 큰 결단을 내린 '세브란스의 기부 공헌' 그 자체는 이미 국제화하고 세계화된 감동적인 사례이며 귀감이다.

1908년 6월 세브란스병원의학교 명의名義로 첫 졸업생을 배출할 수 있었다. 이들은 한국 최초로 의술 개업 인허장이라는 의사 면허를 취득하였고, 국가의 보증 하에 의업에 종사할 수 있게 되었다. 제중원이 세브란스병원으로 발전하면서 한국에 도착한 미국 선교사들에게는 교파를 불문하고 세브란스병원이 일차적인 활동의 중심처가 되었다. 세브란스병원에서 한국의료선교 적응훈련을 받는 등, 세브란스병원은 한국의료선교의 최대 구심점이 되었다. 대표적인 예를 들자면 다음과 같다. 1940년 11월 평양연합기독병원의 미국 감리회 선교사들이 철수하게 되자, 병원 이사회는 세브란스병원의 김명선 교수를 원장으로 선임하여, 1945년 해방 때까지 세브란스의전 교수와 평양연합기독병원 원장을 겸임하게 하였다.

1885년 의료선교를 시작할 수 있었던 터닝 포인트를 지나 이제는 마음을 비운 상태에서 폭풍성장점을 만드는 티핑 포인트가 필요한 시기이다. 시도하지 않은 일은 결코 이루어지지 않는다는 것이다. 아무리 적은 노력

이라도 무관심보다는 낫다. 기억한다는 것은 존재한다는 것과 동의어이
다. 지난 130여년간 쌓아온 소중한 기억이 세브란스병원에 있어서는 가
장 큰 재산이다. 숨 가쁘게 변하는 초불확실성 속에서 루이스 헨리 세브
란스의 결정적 결단을 성찰하는 것은 충분한 가치를 지니고 있다.

오늘의 '세브란스'

　　　　서기西紀 2000년대 초반의 일이다. 세브란스병원의 후원금으로
2000년까지 보내온 기부 금액의 총액을 합산하여 보니 최근 45년 동안
80만 달러가 입금되었다. 연도를 나누어 계산하면 해마다 약 1만 8천 달
러씩 보내온 셈이다. 통장에 찍힌 숫자를 보면서 세브란스병원 관계자는
한동안 의문에 휩싸였다. 해묵은 자료를 뒤적이며 후원금을 보내온 명단
과 계좌를 분석해 보거나, 짐작 가는 곳에 연락을 취해 후원 사실을 확인
하는 등 나름대로 그 익명의 후원자를 찾기 위해 노력했다.

　　그러나 세브란스병원 관계자들은 끝내 작은 단서조차도 찾을 수가 없
었다. 후원자의 명의는 처음부터 '미국 북장로교PCUSA'로 되어 있었으나
북장로교의 누가 후원금을 보냈는지는 알 수 없었다. 후원금의 출처를 찾
으려고 모든 방법을 동원해 보았지만 결과는 계속 같았다. 시간이 흐를수
록 궁금증은 점점 커져만 갔다. 세브란스병원 후원금 통장으로 매년 거액

의 달러가 들어오고 있었다. 그때 마침 새 병원 건물을 짓는데 막대한 건축자금이 필요한 상황이었다.

세브란스병원은 더욱 세밀하게 자료 추적에 들어갔다. 은행 계좌 자료를 통해 살펴보니 1955년 7천 달러를 시작으로 보내온 액수가 해마다 조금씩 달랐다. 잠정 결론은 아마도 개인 후원일 가능성이 크다고 일단 판단하였다. 세브란스병원의 최초 개원 시작할 당시에 크게 후원을 행하였던 곳이 미국 북장로교이니까 혹시 그곳에서 계속 후원을 한 것으로 조심스럽게 의견이 모아졌다. 대부분 모두 고개를 끄덕였다. 그럴듯한 추론이었다. '북장로교'라면 충분히 납득이 갈만한 스토리였다.

미국 북장로교 선교회에서 좋은 일을 하는 모양이라고 생각하며 넘어가려는 분위기였다. 하지만 일은 그렇게 간단하지 않았다. 모든 분야에서 자금의 투명성을 확보해야 하는 시점에 막연한 추측만으로 거액의 기부자 신상문제를 일단락 짓기에는 뭔가 아쉬움이 남았다. 아무리 '세브란스'와 인연이 깊은 미국 북장로교에서 보내온 돈이라고 가정하더라도 결국 그 돈은 개개인의 성도들이 낸 헌금이 모아져 북장로교라는 이름으로 우리에게 전달된 것이다. 그리고 헌금을 한 기부자들이 분명히 있을 것이었다. 그렇다면 그들을 찾아야 하는 것이 우리의 임무일 수 있었다. 추후 새 병원이 개원을 하고나면 기부자 명단을 만들어야 할 것이고, 그때 미국에서 보내온 후원자 개개인의 이름도 자세히 파악하여 기록으로 남겨둔다면 의미가 있을 것으로 판단되었다.

미국의 개인 후원자가 누구인지 수소문을 하기로 세브란스병원은 결정하였다. 직원들은 북장로교에 연락하여 개인의 후원자가 누구인지 조사를 의뢰했다. 얼마 후에 조사 결과가 세브란스병원 측에 전달되었을 때, 모두가 크게 놀라지 않을 수 없었다. 지난 45년 동안 보내온 후원금의 출처가 'J. L. 세브란스 Fund'라는 사실 때문이었다.

J. L. 세브란스(존 세브란스)! '세브란스'라는 이름 때문에 순간적으로 혼란에 빠졌다. 1900년대 초반에 걸쳐서 이미 4만 5천 달러를 기부하여 조선 땅에 최초의 현대식 병원을 건립하도록 해준 최초의 후원자인 '루이스 헨리 세브란스'의 후손이었기 때문이다. 현재 우리 돈 가치로 계산하면 거의 1,000억 원에 해당하는 천문학적인 액수였다.

그런데 이미 고인故人이 되신 분이 펀드를 만들어 계속해서 후원금을 보내왔다는 것이다. 임종臨終 시 선교기관에 부탁하여 펀드를 만들어 후원을 부탁했다면 그럴 수도 있겠다 싶었다. 그러나 우리가 잘 아는 루이스 세브란스가 아닌 존 세브란스는 또 누구란 말인가? 미국 북장로교에서 보낸 자세한 자료를 보며 우리는 또다시 놀라지 않을 수 없었다. 이전과는 차원이 다른 놀라움이었다. 존 세브란스는 바로 루이스 헨리 세브란스의 아들이었다. 우리는 어떠한 연유緣由로 'J. L. 세브란스 Fund'가 생겨났는지 자세히 알아보기로 했다.

세계적 부호 록펠러의 동업자로서 상당한 재력가이며 기업가였던 루이스 세브란스는 임종 당시 자신의 아들에게 세브란스병원을 계속 도와주라는 유언을 남겼다. 아버지의 뜻을 받들어서 루이스 헨리 세브란스의 아들 존 세브란스는 자신이 죽기 전 1934년까지 약 20년 동안 12만 4,500달러를 세브란스병원에 기부했다. 그리고 존 세브란스 또한 죽기 전에 자신이 남긴 유산으로 'J. L. 세브란스 Fund'를 만들어 세브란스병원에 계속 기부하라는 유언을 남겼다. 미국 북장로교 선교회는 루이스 헨리 세브란스의 아들 존 세브란스의 유지遺志를 계속 받들어 이를 실행에 옮겼던 것이다.

45년 동안 베일에 휩싸여 있던 기부금의 출처를 자세히 알게 되면서 세브란스병원은 더욱 숙연해졌다. 가난한 나라를 돕고자 했던 세브란스 가문의 대代를 이은 글로벌 이웃 사랑에 세브란스병원의 전체 구성원들은 감동받지 않을 수 없었다. 게다가 이들의 순수한 기부정신은 오로지 기부 그 자체에만 초점이 맞춰져 있을 뿐 다른 어떤 의도와 관여가 전혀 개입되어 있지 않았기에 더욱 더 빛을 발하였다. 자신의 명예를 드높이려는 욕심이나 명문가라는 이미지를 부각시키기 위한 기부가 전혀 아니었다. 그들은 온전한 기부를 통해 가난한 사람들에게 병원을 만들어 주고, 그 일이 지속적으로 유지되고 관리되도록 끊임없이 생명의 영양분을 공급해주고 있었다. '루이스 헨리 세브란스'의 빛나는 정신에 경의를 표하며 세브란스 가문의 대代를 잇는 사랑이 더욱 귀하다. 깊은 물은 고요하다.

참고문헌

박윤재, 『한국 근대 의학의 기원』, 혜안, 2005.

신규환 외, 『제중원·세브란스 이야기』, 역사공간, 2015.

정현철 외, 『별을 던지는 세브란스』, 동연, 2017.

이철, 『세브란스 드림 스토리』, 꽃삽, 2007.

엘리자베스
요한나 쉐핑

Elisabeth Johanna Shepping

세종로국정포럼 청소년미술위원장, 공저본 상임이사, 수락고등학교 미술교사 이선희

서서평

천천히 서徐 / 펼 서舒 / 평평할 평平

고스란히 느껴지는 삶의 철학 감동의 물결이다. 태어날 때부터 몇 번이나 버림받고 끝까지 불운이라고 생각될 만큼 고단했던 생애이건 만 우리는 서서평에게 맑고 깨끗한 에너지를 느끼게 한다.

우연히 영상을 볼 기회가 있어 빠져들었다. 아하! 그 이야기였구나. 어 렸을 때 들었던, 한센병 환자들을 치료해 주고 같이 사는 천사가 있다는 얘기를 전설 속 얘기로만 알았다.

한국을 사랑한 서서평이 지내던 곳은 나의 고향과 그리 멀지 않았다. 외국인으로 친구와 단둘이 한국에 들어와 외롭고 힘들기가 말로 표현할 수 없었을 텐데 서서평의 예수와 같이 헌신하는 삶은, 모든 이에게 감동이라는 사랑의 선물을 주고 있다.

한국의 빈곤한 삶을 개선하기 위해 계몽하며 검소한 생활을 자처하고 모두가 꺼렸던 한센병 환자들과 기거하며 바른 것과 옳은 것, 필요한 것들을 교육하고 쏟은 에너지 그대로가 사랑이다. 윤동주 시인의 시구가 떠오른다. "하늘을 우러러 한 점 부끄럼 없기를~~" 연신 나의 삶을 되돌아보게 된다.

한국을 사랑한
서서평의 인적사항

서서평徐舒平(1880년 9월 26일 ~ 1934년)은 독일계 미국인 선교사이다. 본명은 엘리자베스 요한나 쉐핑Elisabeth Johanna Shepping 또는 Johanna Elisabeth Schepping이다. 쉐핑은 이디시아어로 샘에서 무엇을 끌어내다, 그로부터 큰 기쁨을 얻고 매우 자랑스럽게 여긴다는 의미가 있다.

1880년 9월 26일 독일 비스바덴에서 태어났다. 출생지는 독일 비스바덴 프랑켄 거리Frankenstrase 정원 막사이다. 어머니는 안나 쉐핑Anna Schepping, 혼인명 Schepping Schneider이다. 어린 시절 세 살 때 어머니가 미국 뉴욕으로 홀로 이민 가고, 조부모에게 맡겨진다. 그러나 아홉 살에 할머니를 잃고, 주소 적힌 쪽지 한 장을 들고 엄마 찾아 미국으로 떠난다.

가톨릭 미션 스쿨에서 중고등학교를 마치고, 성마가병원 간호전문학교를 졸업한다. 뉴욕시립병원 실습 중 동료 간호사를 따라 장로교회 예배에 참석하고 개신교로의 전향을 결심한다. 유대인 요양소, 이탈리아 이민자 수용소 등에서 봉사활동을 하였으며 간호전문학교 졸업 후 브루클린주 이시 병원에서 근무한다. 1904년 뉴욕 성서교사훈련학교Bible Teacher Training School의 여행자를 돕는 선교회Traveler's Aid Missionary에서 1년간 봉사하였다.

한국에 들어온
계기

1911년 졸업 후, 동료 선교사로부터 조선에 환자가 제대로 치료를 받지 못하고, 길에 버려질 정도라서 의료 봉사가 절실하다는 말을 듣고, 한국 선교를 지원한다. 1912년, 미국 남장로교 해외선교부 모집에 지원하여 간호선교사로 파송을 받는다. 어머니의 신앙인 가톨릭을 따르지 않고 개신교로 개종했기 때문에 집에서 쫓겨났다. 세 살 때, 십 대 때, 마지막으로 사십 대에 어머니에게 모두 세 차례 버림당한다. 어린 시절이 불우했지만 바람, 햇살, 숲과 함께 자랐다고 고백했다. 빗속에서 춤추는 것을 좋아했다.

1912년 2월 20일 한국으로 파송된다. 여객선 코리아 마루호를 타고 이십여일 여행 끝에 한국에 도착한다. 간호선교사로 왔던 서서평은 초기에는 간호사역을 가장 중심에 두었다. 내한 이래 기독병원의 전신인 광주 제중원 원장 우월순(현 광주기독병원), 군산의 구암예수병원, 서울 세브란스병원 등에서 일했다. 간호사로 일하면서 간호원을 총감독하고 훈련하는 역할을 맡았다.

한국에서의
생활

한국어를 배우고, 옥양목 저고리와 검정 통치마를 입었으며, 남자 검정 고무신을 신고, 된장국을 좋아했다. 온전한 조선인이 되고자 했고, 평생 독신으로 살며, 미국으로 돌아갈 생각을 하지 않았다. 평생 가족처럼 지낸 입양아로 박해라, 문안식, 문천식이 있다. 32세인 1912년부터 1934년 54세로 소천하기까지 22년 동안 일제 점령기에 의료혜택을 받지 못했던 광주의 궁핍한 지역을 중심으로 제주도와 추자도 등에서 간호선교사로 활동하였다.

미혼모, 고아, 한센인, 노숙인 등 가난하고 병약한 많은 사람을 보살폈다. '나환자의 어머니'라 불릴 정도였다. 임금 대부분을 빈민과 병자, 여성을 위해 사용했다. 입양하여 키운 고아가 14명, 오갈 곳 없는 과부를 가족처럼 품어 집에서 같이 지낸 사람이 38명이다.

광주 양림동에서는 여성의 자립을 위해 양잠업을 지도했다. 뽕나무를 더 심고 시설을 세우기 위해 미국에 기금을 요청했다. 제주에서는 여성의 자립을 위해 고사리 채취를 도왔다. 광주 제중원 중심으로 소외된 이들의 치료·교육·사랑을 쏟는 삶을 살았다.

그의 성격은 완벽을 추구하고 직설적이며 급했다. 그래서 자신의 급한 성격을 다스리고자 성을 '천천히'라는 뜻의 서徐씨로 정했다. 그는 스스로 한국인의 문화 적응에 앞장섰다. 다른 선교사들이 미국식 삶을 고수하고 좋은 건물에서 살거나 여가로 사냥을 즐긴 반면, 그는 조선 농촌여성과 같이 무명 베옷을 입고 맞는 신발이 없어 남자 고무신을 신었으며 보리밥에 서양인들이 즐겨 먹지 않는 된장국을 먹을 정도로 진정한 한국인이었다. 동아일보에서 그의 집을 '찌그러진 집'으로 소개할 정도로 무너져가는 양철지붕의 흙집이었지만 집을 가꾸지 않았다. 또 그는 어떠한 잡기나 오락도 하지 않아 시간을 낭비하지 않았다.

계몽운동, 간호학개척자

서서평은 문맹퇴치, 축첩 반대, 공창제도 폐지 등의 운동으로 여성 인권보호에 주력했다. 조선간호학계의 개척자, 그는 우리말에 능통해 많은 책을 한글로 저술하고 외국서적을 번역했다. 그가 쓴 우리나라 최초의 간호교과서라 할 수 있는 『간호교과서』, 『실용간호학』 등은 당시 조선간호부회 지정출판도서로 지정되기도 했다.

그는 강인한 조직력과 추진력으로 1923년 대한간호협회의 전신인 조선간호부회를 창립해 십년간 회장을 맡았다. 그는 조선간호부회를 국제간호협의회ICN에 가입시키기 위해 국제간호협의회 총회에서 연설하는 등 최선의 노력을 다했으나, 일본의 방해로 뜻을 이루지 못하다가 그가 세상을 떠나고 일본이 패망한 후 1949년에야 우리나라가 정회원국이 되었다.

몸은 서양인 마음은 한국인

1921년 쉐핑이 '내쉬빌 선교부'에 보낸 편지다.

"이번 여행에서 500명 넘는 조선여성을 만났지만 이름을 가진 사람은 열 명도 안 됐습니다. 조선 여성들은 '돼지 할머니', '개똥 엄마', '큰년', '작은년' 등으로 불립니다. 남편에게 노예처럼 복종하고 집안

일을 도맡아 하면서도, 아들을 못 낳는다고 소박맞고, 남편의 외도로 쫓겨나고, 가난하다는 이유로 팔려 다닙니다. 이들에게 이름을 지어주고 한글을 깨우쳐주는 것이 제 가장 큰 기쁨 중 하나입니다."

당시 이름도 없이 '큰년이', '개똥어멈' 등으로 불리던 여성들에게 일일이 이름을 지어주고 교육시켜 존중받을 한 인간으로서의 삶을 일깨웠다. 겉모습은 서양인이었지만 마음은 완전한 한국인이었다. 우리말에 능통할 뿐만 아니라 교양 있는 언어를 구사하려 노력했고 우리말 발음은 정확했다. 한글 말살 정책이 시행되던 일제 때 한글 사용을 강조했고 여러 서적을 한국어로 번역했으며, 영어와 한국어로 병기되던 간호회지와 조선간호부회 회칙에도 한국어만 사용하도록 못 박았다.

한글저서로 독립정신과 이일학교 건립, 한글말살 정책에 대항

3·1운동에도 관여해 교도소에 갇힌 최흥종에게 필수품을 차입해주기도 했다. 1922년 친구인 '니일'의 도움으로 한국 최초의 여성신학교인 '이일학교李一學校(1941년 9월 신사참배 반대로 폐교, 1948년 9월 구애라 선교사가 복교)'를 세워 여성들에게 공부할 기회를 주었다.

광주 양림동에 뽕나무밭을 일구어 학생들에게 여성의 자립을 위해 양잠과 직조기술, 자수기술을 지도했다. 뽕나무를 더 심고 시설을 세우기 위해 미국에 기금을 요청하고, 이렇게 해서 만들어진 책상보, 손수건 등의 수예품을 미국에 팔고 자신의 월급까지 이일학교 학생들의 학비로 아낌없이 썼다.

일반적인 성경공부반이 여성들의 리더십을 개발하지 못하는 한계가 있음을 깨달은 서서평은 1920년 불우하거나 교육 기회를 놓친 계층의 여인들을 위하여 서서평의 여성계몽 교육으로 학교를 시작했다.

이는 한국 최초의 여자 신학교인 이일학교의 시작이었다. 자신의 좁은 침실에서 시작한 학교는 광주 양림동 뒷동산에 붉은 벽돌 3층 교사를 짓고 '광주이일학교'로 발전했다.

당시 대부분의 여자들은 문맹이었고 경제권이나 정체성도 없었다. 1922년부터 35년까지 이일학교 졸업생은 265명으로, 이들 중에는 계몽사업과 신여성운동의 선봉에서 활약한 사람이 많다. 여성들에게 교육 기회가 제한되었던 상황에서 이일학교는 점차 호남지역의 여성교육기관으로서 지위와 역할을 담당하게 된다.

조선간호부협회 가입

1929년과 1932년 서서평은 조선간호부협회를 대표해 캐나다와 동경으로 다니며 만국간호협회ICN에 자신이 세운 조선간호부협회를 일본과 별도의 정회원으로 가입시키기 위해 힘썼다. 또 『간호 교과서』, 『간이 위생법』, 『실용 간호학』, 『간호요강』 등의 책을 저술하고 『간호사업사』를 비롯한 많은 번역서를 냈다.

서서평은 일제의 한글말살 정책에 대항하여 간호부협회의 소식지와 서적들을 한글로 제작했으며, 출애굽기를 가르쳤다. 민중들에게 독립정신을 심어주기 위함이었다. 1928년 5월 평양에서 열린 조선간호부회 총회에서의 서서평의 설교다.

"남을 불쌍히 여기는 사랑이 없으면 어떻게 될까요? 제아무리 십자가를 드높이 치켜들고 목이 터질 만큼 예수를 부르짖고 기독교 신자라 자처한다 할지라도 구제가 없으면 그것은 참 기독교인이 아닙니다."

한센병 병원과 요양시설 갖춤

1933년 서서평은 최흥종 목사 등 조선인 목회자, 50여명의 한센병 환자들과 함께 서울의 총독부로 행진했다. 한센병 환자를 강제 거세하는 총독부의 정책에 항의하고 환자들의 삶의 터전을 요구하기 위해서였다. 총독부 앞에 이르렀을 때 참여 환자들은 530여명으로 늘었고, 이 결과로 소록도 한센병 병원과 요양시설이 시작될 수 있었다.

우리 민족사적인 의미에서의
의의, 교훈

그는 전도만 한 것이 아니라 부인조력회(현 여전도회전국연합회)를 만들고 지도자를 세우는 일에도 힘썼으며, 주일학교 운동을 추진하여 활성화되면서 1922년 한국주일학교연합회가 창립됐다.

그는 불쌍한 사람을 보면 돕지 않고는 견디지 못했다. 자신의 생필품을 가난한 사람들에게 모조리 나눠주고, 추운 겨울 한밤중에 빈민들을 생각하며 자신이 덮던 이불과 요를 나눠 줬다. 또 그는 고아의 어머니였다. 길거리에 버려진 고아 13명과 한센병자의 아들을 입양해 친자식처럼 아꼈다.

고아원을 만들고 고아들을 돌본 선교사들도 많지 않았지만 고아들과 한 이불을 덮고 삶을 나눈 선교사는 흔치 않았다. 낮은 곳을 향한 끊임없는 관심은 자신이 어머니로부터 버림받고 사랑을 받지 못한 상처가 컸기 때문이다. 고아의 상처와 눈물을 자신이 충분히 겪었기에 진심으로 그들을 섬길 수 있었다. 특히 그는 한센병자들을 위해 헌신하여 광주나병원, 여수 애양원, 소록도 갱생원에 그의 손길이 직·간접적으로 묻어 있다.

가난한 자들을 위한 구호활동도 많이 했다. 경제적으로 풍족해서가 아니었다. 다른 선교사의 생활비 30분의 1로 하루하루 자신의 목숨만 근근이 버티면서 가난하고 버림받은 이들을 위하여 대부분의 재정을 사용하였다. 결국 자신은 영양실조에 걸릴 수밖에 없었다. 자신이 중병에 걸렸을 때도 과부 35명의 생활비를 혼자 부담했는데, 임종 시 그에게 남겨진 전 재산은 동전 일곱 개, 담요 반장, 강냉이가루 두 홉이 전부였다고 한다. 자신의 추위를 막아주던 단 한 장의 담요마저도 반을 찢어 자신보다 더 가난한 이에게 주고 나머지 반쪽으로 자신의 가냘픈 육신을 가렸다.

서서평은 조선에 와서 선교사역을 마칠 때까지 스프루Sprue라는 일종의 만성흡수불량증으로 심한 고통을 받았다. 그는 유능한 간호사였지만 여러 역할로 인해 육체적·정신적 피로가 가중되고 건강이 깨질 수밖에 없었다. 거기에 직접적인 사인인 영양실조까지 보태져 그는 임종 전 약 4개월 동안 병과 사투를 벌였다. 수술을 받았으나 일주일 후인 1934년 6월 26일 새벽 4시 54세의 서서평은 소천하고 말았다.

자신의 죽음을 직감한 그는 자신의 삶에 대해 하나님께 감사드리고 "천국에서 다시 만납시다. 할렐루야!"라는 말을 남기고 숨을 거두었다. 당시 병의 원인을 알 수 없던 그는 시체를 해부해 연구 자료로 삼으라는 유언을 남겼다. 원인을 규명해 다시는 자기와 같은 환자가 없도록 의학연구용으로 시신을 기증한 것이다. 당시만 해도 시신기증은 놀라운 일이었다.

장례식은 7월 7일 광주 최초의 시민사회장으로 진행됐다. 이일학교의 학생이 운구 행렬을 이루고 그 뒤로 수많은 여성이 소복을 입고 뒤따랐다. 기독교인은 물론 비기독교인과 불교인, 일본인 등 각계각층의 사람들이 전국에서 참석했다. 모여든 천여 명의 조문객들의 "어머니 어머니!"라고 목 놓아 우는 통곡 소리는 마치 비행기 소리와 같았다고 한다. 이후 미국 남장로교 해외선교부는 그의 공로를 높이 평가해 전 세계에 파견된 수많은 여성 선교사들 가운데 한국 파견 선교사로는 유일하게 '가장 위대한 선교사 7인' 중 1인으로 선정했다.

"성공이 아니라 섬김이야Not Success, But Service"라는 말은 그의 부음을 듣고 달려온 벗에 의해 머리맡에서 발견된 그의 좌우명이었다. 서서평의 섬김의 정신은 많은 사람들에게 영향을 끼쳤고, 그가 죽은 지 80년이 지난 오늘도 그를 흠모하고 그 뒤를 따르려는 이들이 적지 않다.

서서평 선교사 서거 80주년이 지난 2014년에는 재조명하는 여러 행사가 곳곳에서 열렸다. 학술대회는 물론 창작뮤지컬, 연극, 영화까지 다양한 장르에서 '위대한 신앙인' 서서평 선교사의 모습은 오늘도 재현되고 있다. 당시 동아일보는 「자선과 교육사업에 일생을 바친 빈민의 어머니 서서평 양 서거」라는 사설에서 그녀는 생전에 '다시 태어난 예수'로 불렸다고 기술하였다.

서서평이 남긴 것은 미국에서 들고 온 담요 반 장, 동전 7전, 강냉이가루 2홉뿐이었다. 담요가 반장인 이유는 다리 밑의 거지에게 절반을 주었기 때문이었다. 그렇게 서서평은 조선인들을 위해 헌신했으며, 광주 양림동 호남신학대학교 언덕의 선교사 묘역에서, 그녀가 사랑한 사람들이 서로 사랑하며 살아가길 기도하며 잠들어 있다. 서서평 "천천히 평온하게" 자신의 온전한 삶의 철학이 담긴 이름처럼······

서서평 선교사를 알고, 전하며, 그의 생을 뒤따르고, 사랑을 실천하며 사는 여러 지성인들에게 감사한 마음을 전한다.

참고문헌

김양호, 『목포기독교 이야기 : 목포기독교 120년사 초기』, 세움북스, 2016.

백춘성, 『조선의 작은예수 서서평』, 두란노서원, 2017.

양국주, 『바보야 성공이 아니라 섬김이야 : 엘리제 쉐핑 이야기』, Serving the People, 2012.

양창삼, 『조선을 섬긴 행복 : 서서평의 사랑과 인생』, Serving the People, 2012.

「서서평」, 『위키백과』, 2019년 3월 18일.

「한 알의 밀이 썩으면, 쉐핑(shepping, 서서평)선교사」, 『DANBEE 블로그』, 2018년 5월 29일.

「설립자 서서평선교사 "조선 사랑에 삶을 바치다"」, 『아하! 한일장신대학교블로그』, 2017년 2월 2일.

쉬어가기

양림동 외국인선교사 묘역

우리나라 역사를 원시시대부터 상고하다가 조선시대 후반기에 이르면 지금도 가슴이 두근거리기 시작한다. 낯선 이방인이었던 서양인 신부들이 나타나기 때문이다. 금단의 영역으로 몰래 잠입하여 교세를 이루다가 많은 이들이 순교를 한다. 이어서 개국과 함께 개신교 선교사들이 활동을 시작한다. 저변의 민중의 원망과 합치되어 새로운 문화가 형성된다. 그 과정에서 개신교 선교사들도 많은 어려움을 겪고 이른바 순교도 하였다. 이민다문화행정이라는 측면에서 이들 신부와 선교사들은 새롭게 조명되어야 한다.

필자(김원숙)는 광주출입국관리사무소장으로 재직할 때인 2012년 2월 16일 간부들과 함께 호남신학대학의 차종순 총장을 찾아뵈었다. 다문화순례 여행을 위함이다. 고명한 역사신학자인 차 총장이 손수 따라주는 차를 마시면서 구한말 우리나라에 찾아오신 선교사들의 활동을 듣게 되었다. 호남지방에는 오엔과 유진 벨 선교사가 최초로 활동을 하였다고 한다. 총장실 건너편에 마련된 역사관에서 당시 선교사들이 사용하였던 고풍스러운 풍금과 탁자, 필기도구 등 전시된 물품과 사진들을 바라보면서 차 총장으로부터 구수한 해설을 들으니 백 년 전 광주의 옛 모습을 그려볼 수 있었다.

외국인 선교사 묘역은 양림동 호남신학대학교 구내 언덕에 위치하고 있다. 그날은 바람이 세차게 불어 한겨울처럼 추운 날씨였다. 콧물을 훔치면서 묘역에 세워진 비석을 하나하나 설명하는 차 총장의 모습에 우리 일행은 숙연함과 더불어 경외스러움을 느끼지 않을 수 없었다. 45인의 묘비 가운데 22위는 선교사, 그리고 23위는 어린이들이었다. 그러니까 100년 전의 광주의 땅은 외국인들이 생활하기에 매우 힘든 의료와 교통, 복지의 불모지였다. 온갖 질병과 풍토병에 시달리다가 어린이들은 사망하고 선교사들도 질병과 교통사고로 순교를 하게 된 것이다.

다음은 차 총장의 말씀과 기록을 통해서 정리해 본 것이다.
양림동 외국인 선교사 묘지는 1895년 한국에 선교사로 와서 나주, 목포, 광주에 선교부를 세우고 30년간 한국의 복음화를 위해서 살다간 오웬Clement Owen, 吳基元과 유진 벨Eugene Bell, 裵裕祉을 비롯한 선교사와 그들의 부인과 자녀 그리고 친척 등의 미국인이 묻혀 있는 성지. 이들은 미국 남장로교 소속의 선교사로 광주 지역에서 함께 사역하였다. 1904년 12월 25일 양림동 유진 벨 선교사 주택에서 선교사 가족과 한국인들이 첫 예배를 하여 광주선교부와 광주교회(현 광주제일교회)가 설립됐다. 1909년 4월 오웬 선교사는 장흥에서 선교활동 중 갑자기 고혈로 쓰러져 광주에 도착하였으나 숨을 거두고 말았다. 그의 시신은 최초로 양림 동산에 안장됐다. 유진 벨 선교사 부인 마가렛트 선교사는 1919년 3월 경기도 병점 건널목에서 교통사고로 사망하여 양림 동산에 안장했으며, 유진 벨 선교사도 노환으로 1925년 9월 삶을 마감하고 양림 동산에 안장됐다.

오웬(1867-1909) 선교사는 1895년 4월 9일 내한하였다. 1899년 목포 진료소를 개설하여 전라남도 최초의 서양 진료소를 운영했다. 1900년 12월 화이팅Georgiana Whitting 의료선교사와 서울에서 결혼하였다. 당초 전라남도의 선교 거점은 나주에 설치하는 것으로 결정되었으나 1897년 10월 1일 목포항港이 개설됨에 따라 1898년 유진 벨 선교사가 서울에서 목포로 이주하고 뒤이어 오웬 선교사가 부임하여 목포선교부가 조직되었다. 이 무렵 호남지방에는 미국산 석유가 처음으로 보급되어 등불을 사용하게 되었는데 오웬은 이 등불과 비유하여 "빛의 나라인 미국이 어둠의 나라인 한국을 비추고 있다. … 이제 우리나라가 한국의 어둠을 밝히는 것처럼 생명의 빛으로 영적인 어둠을 파고 들어가야 한다."고 기록하고 있다. 1904년 봄에 미국 남장로회는 광주 선교부를 개설하기로 결정함에 따라 오웬은 유진 벨 선교사와 함께 1904년 12월 광주로 이사하여 양림동 언덕에 선교 기지를 개척하였다.

유진 벨(1868-1925) 선교사는 오웬과 함께 1895년 4월 9일 내한하였

다. 주민반대로 나주지부 설치에 실패한 후 그는 목포로 옮겨가 목포
선교부를 설립하였다. 그의 노력으로 목포 정명학교와 영흥학교가 설
립되었다. 이런 선교활동 속에서 서울에서 자동차를 몰고 광주로 향
하던 중 교통사고로 아내를 잃었다. 1904년 광주로 옮겨 온 유진 벨
은 숭일학교와 수피아 여학교를 설립하였다. 유진 벨은 세브란스 국
제진료센터 소장인 인요한의 진외증조부(친할머니의 아버지)다. 인요
한은 1959년에 전주 예수병원에서 태어나 부모의 부임지인 순천에서
성장했다. 그의 할아버지인 윌리엄 린튼은 1912년 선교사로서 한국에
왔다. 윌리엄 린튼은 유진 벨의 딸인 샬럿 벨과 혼인함으로써 린튼
가가 한국에서 뿌리내리는 계기가 된 것이다.

쉐핑Elisabeth Johanna Shepping(1880–1934, 徐舒平)은 1912년 2월에 한국
에 왔다. 간호학교 교사로 활동했던 그녀는 조선간호부회를 설립하였
다. 광주로 내려와서 평생을 고아와 거지들과 한센인들의 어머니, 신
여성 교육자로 살았다. 최흥종 목사가 걸인들과 한센인들의 아버지로
살았는데 그녀도 그렇게 살았다. 최 목사와 그녀는 불결한 환경에 역
겨운 냄새를 맡으며 움막을 들추고 다니며 양식을 나눠주고, 병든 자
들을 치료하며, 이불과 옷을 나눠주었다. 독신으로 봉사하다가 54세
에 하나님의 부름을 받았다. 시신은 세브란스병원에 연구용으로 기증
했다. 한국판 마더 테레사인 쉐핑은 한 알의 밀알이 되어 양림동산에
묻혔다.

10대째 양림동에서 살아온 차 총장은 어린 시절 선교사로부터 영어를 배워 미국으로 유학을 다녀와 호남신학대학에 재직하면서 양림동산을 성스러운 장소로 가꾸어 놓았다. 하루에도 백여 명의 참배객이 다녀간다고 한다. 선교사들도 이 땅에 꿈을 가지고 온 대표적인 이민자의 한 유형이다. 그들의 꿈과 소망이 이 땅에 뿌려져 열매를 맺기까지 우리나라의 사회문화적 제도와 관습 등이 어떠한 역할을 했는지 등에 대해 이민다문화 행정의 실현을 위해 애쓰는 우리 모두가 상고해 볼 필요가 있다고 여겨진다.

제3부

같이 살아야
보이는 것

아사카와
다쿠미

淺川巧

공저본 상임이사, 세종로국정포럼 강소농위원장
국제사이버대학교 교수 김완수

황금돼지띠의 해로 많은 사람들의 기대 속에 시작된 2019년은 우리나라의 3·1운동에 이어 임시 정부가 수립된 지 100주년이 되는 해이다. 하지만 한일관계는 과거 일제 강점기의 아픈 역사에도 불구하고 최근 일본 초계기의 위협비행 등으로 갈등이 지속되고 있다. 이러한 시기에 일제강점기에 침략국 일본인으로서 한국을 사랑한 아사카와 다쿠미를 조명해 보는 것도 의의가 있을 것이다.

계속되는 일본과의
갈등

일본해상 초계기 저공 위협 비행

최근 국방부 발표에 따르면 일본 자위대 소속 해상초계기의 우리 측 군함 상공 위협 비행은 네 차례나 반복되고 있다. 1차 도발은 2018년 12월 20일 오후 3시 독도 북동쪽 약 100km 부근 대화퇴 어장 인근 공해상에서 발생했다. 기계 고장으로 표류하던 북한 선박의 구조 신호를 받고 인근에서 해상경계임무수행 중에 있던 광개토대왕함과 해경 5001함(삼봉함)이 구조를 하기 위해 출동 했다. 이때 일본 해상자위대 소속 대잠 초계기(P-1) 1대가 우리측 함정과 거리 500m, 고도 150m로 접근했다가 물러났다.

이에 대해 일본 측은 한국 측이 사격통제 레이더를 수 분간 지속적으로 가동했으며 그것이 STIR - 180 화기관제 레이더라고 주장하여 논란이 촉발되었다. 한국정부는 공식입장을 통해 화기관제 레이더 가동은 없었다고 거듭 밝혔으나 일본 측은 이를 부정하며 지속적으로 갈등을 키우고 있다. 2차 도발은 2019년 1월 18일 11시 39분경 울산 동남방 83km 수역에서 일본 해상자위대 소속 대잠 초계기(P-1) 1대가 대한민국 해군 소속 율곡이이함을 향해 거리 1.8㎞, 고도 60~70m로 저공근접비행을 실시하여 위협하였고, 3차 도발은 2019년 1월 22일 14시 23분경 제주 동남방 95km, KADIZ와 JADIZ 중첩지역에서 발생했다. 이어서 4차 도발은 2019년 1월 23일 14시 3분경 일본 대잠 초계기(P-3)가 이어도 서남방 96km KADIZ

외곽 지역에서 같은 행위를 반복했다.

이러한 갈등을 키우는 이유는 무엇일까?

이 사건은 일본 측에서 먼저 의도적으로 문제를 제기하고 증폭시키고 있다는 게 중요하다. 결정적으로 문제를 해결할 수 있는 중요한 자료들을 일본 측에서는 기밀이라고 하며 공개를 거부하고 있다. 이러한 상황에서 우리 정부가 어떠한 이익을 취하기 위하여 갈등을 조장하고 있다는 일본 측의 억측은 매우 설득력이 떨어진다.

일부 전문가들의 견해는 자국민의 지지율을 높이기 위한 아베 정부의 정치적 노림수가 숨어있다고 말한다. 이 사태가 일어나기 전까지 아베 정부는 경제정책의 실망에 따른 자국민들로부터 표심을 잃어가고 있는 분위기였다. 또한 이 사태 촉발에 연이어 아베 정부는 강제징용 재판결과를 지속적으로 문제 삼으며 반한감정을 부추기는 양상을 보였다. 아베 정부의 이런 강경 대응은 실제로 자국민들의 지지율 상승효과를 나타내기도 하였다. 이러한 일련의 모든 행위는 일본 헌법을 개정, 전쟁 수행 가능 국가를 만들기 위한 아베의 야망을 드러낸 것이다.

최근 들어서 북미 관계가 개선되는 분위기로 자국 내 반북 감정이 약화되고, 중국과는 화해 제스처를 취한 상태에서 반중감정을 쓸 수도 없는 상황이었던 만큼 최후의 카드로 반한감정을 부추기고 있다는 합리적인 의심도 충분히 가능한 상황이다. 2019년 1월 23일 정경두 국방부 장관 또한 일본이 정치적인 의도로 갈등을 일으켰다는 견해를 밝히기도 하였다. 또 다른 한편으로는 우리 함정의 추적레이더 주파수 데이터 수집을 위한 의도적인 행위라는 의견도 있다. 2019년 1월 23일 김어준의 뉴스 공장에 출연한 권재상 공군사관학교 명예교수 의견도 일본은 광개토대왕함의 최신 정보가 필요했을 것이며, 반면 자신들이 탐지했다는 레이더 데이터를 제대로 밝히지 않는 이유는 자신들의 초계기 탐지 능력이 노출될 우려가 있기 때문에 공개하지 못하는 것이라고 하였다. 이처럼 정치적으로 지지율 상승을 위해 이웃 나라와의 갈등을 조장하는 행위는 매우 바람직하지 않은 행태로 생각된다.

독도 영유권 분쟁을 지속적으로 이슈화하고 있는 일본

울릉도 동남쪽 뱃길 따라 이 백리/ 외로운 섬 하나 새들의 고향/
그 누가 아무리 자기네 땅이라고 우겨도/ 독도는 우리 땅/

경상북도 울릉군 남면 도동 일 번지/ 동경 백 삼십이 북위 삼십칠/
평균기온 십이도 강수량은 천삼백/ 독도는 우리 땅/

오징어 꼴뚜기 대구 명태 거북이/ 연어 알 물새 알 해녀 대합실/
십칠만 평방미터 우물하나 분화구/ 독도는 우리 땅/

지증왕 십삼년 섬나라 우산국/
세종실록지리지 오십 페이지 셋째 줄/
하와이는 미국 땅/ 대마도는 몰라도 /독도는 우리 땅/

러일전쟁 직후에 임자 없는 섬이라/ 억지로 우기면 정말 곤란해/

신라장군 이사부 지하에서 웃는다. / 독도는 우리 땅 우리 땅

정광태 가수의 「독도는 우리 땅」이란 노래는 전 국민의 애창곡으로써 우리 고유의 영토인 독도를 영유권 분쟁으로 일삼고 있는 일본에 대한 우리 국민 모두의 전함이다. 이 밖에도 독도연구보존협회 자료에 의하면 서유석 가수의 「홀로 아리랑」 정광태, 김흥국 가수의 「독도로 날아간 호랑나비」, 오지종·안치환 가수의 「외롭지 않은 섬」, 장사익 가수의 「독도 사랑 노래」, 백자 가수의 「독도는 우리 땅이다」, 서희 가수의 「신 독도는 우리 땅」, 나성웅 가수의 「독도 사랑」, 동요드림의 「독도는 우리의 친구」 등 독도를 주제로 한 노래가 십여곡이나 국민들의 애창곡이 될 정도이다. 또한 같은 자료에서 독도가 한국의 영토라는 것은 많은 역사자료가 증명하고 있다. 이해를 돕기 위하여 독도연구보존협회의 자료들을 살펴보았다.

가장 오래된 역사자료로 삼국사기에 독도가 서기 512년부터 한국영토로 기술되어 있고, 프랑스 지리학자 당빌이 1737년에 발간한 「조선왕도전도」에도 독도를 한국 영토로 표시하였다. 이 밖에도 17세기 일본에서 발간된 은류시청합기, 죽도면허와 도해면허, 일본 정부 공문서인 「조선국교제시말내사탐사(1869년 12월)」, 일본 내무성 자료인 1876년 일본지도 등 독도가 우리 고유의 영토임을 입증할 수 있는 증거자료가 차고 넘친다.

일제 강점기 항일운동과
임시정부의 수립

1910년대의 독립운동

일제 강점기 역사자료에 의하면 일본은 1910.8.29일부터 1945년 8.15일까지 35년간 한국을 강제 점령하면서 한국민족 말살정책과 식민지 수탈 정책을 실시하였다. 이에 많은 한국의 독립투사들이 항일운동을 전개하였다. 국내의 항일비밀결사의 독립운동을 살펴보면 일제가 식민지 무단통치체제를 만들어 아무리 살인적이고 야수적인 탄압을 가해도 한국민족은 불굴의 투지로 암흑천지 속에서도 줄기차게 비밀결사를 조직해서 독립운동을 전개하였다. 1911년 '105인사건' 이후에 알려진 비밀결사만 하여도 1913년도에 독립의군부獨立義軍府, 광복단光復團, 광복회光復會, 1914년도에 기성볼단 ,선명단鮮命團, 1915년도에 조선국권회복단(朝鮮國權回復團, 영주대동상점大同商店사건, 한영서원韓英書院 창가집사건, 1916년도에 자립단自立團, 홍천 학교창가집사건, 이증연李增淵 비밀결사, 1917년도에 조선산직 장려계, 1918년도에 조선국민회朝鮮國民會, 민단조합民團組合, 자진회自進會, 청림교靑林教 사건 등이 있었다. 이 밖에 대동청년단大東靑年團을 비롯하여 일제에 발각되지 않은 다수의 소규모 비밀결사들과 여러 이름의 계契들이 조직되어 민족독립을 되찾기 위한 광범위한 지하 독립운동을 전개하였다.

그리고 해외에 망명한 애국자들과 국민들은 국외에서 독립군 기지 창건운동과 외교활동을 활발히 전개하였다. 신민회는 만주·노령 일대에 무관학교를 설립하고 독립군 근거지를 건설하며, 독립군을 창건하여 적절한 기회에 국내와 호응, 국내에 진공하여 독립전쟁을 감행함으로써 독립을 쟁취한다는 '독립전쟁전략'을 채택하고, 만주국경 부근에 1911년 신흥무관학교新興武官學校, 1913년에는 동림무관학교東林武官學校와 밀산무관학교密山武官學校를 설립해서 독립군 근거지를 창건하는 데 성공하였다. 이러한 무관학교는 청년학생들을 모집하여 사관교육을 철저히 시키고 독립군 장교를 양성하였다. 무관학교 졸업생은 독립군을 편성하여 본격적으로 무장투쟁을 준비하였다. 또한 미국의 클레어몬트와 하와이에서도 한인소년병학교韓人少年兵學校가 설립되어 무장투쟁을 준비하였으며, 심지어 멕시코로 이민 간 동포들도 자제들에게 군사훈련을 시켜 독립전쟁에 대비하였다. 한편, 만주에서는 광복회, 노령에서는 권업회勸業會, 상해에서는 동제사同濟社와 신한청년당新韓靑年黨, 미주에서는 대한인국민회·신한협회 등의 단체가 조직되어 독립을 위한 활발한 외교활동을 전개하였다. 1917년 스웨덴의 스톡홀름에서 만국사회당대회萬國社會黨大會가 열리자 한국민족은 대표를 파견하여 독립을 결의하였으며, 같은 해 뉴욕에서 열린 세계약소민족회의에도 대표를 파견하여 국제적으로 연대를 강화하였다. 그러나 1910년대 한국민족의 독립운동의 결정을 이룬 것은 바로 3·1운동이었다.(참고문헌:『위키피디아』)

3·1 운동과 임시정부의 수립

3·1 운동三一運動 또는 3·1 만세 운동三一萬歲運動은 일제 강점기에 있던 한국인들이 일제의 지배에 항거하여 1919년 3월 1일 한일병합조약의 무효와 한국의 독립을 선언하고 비폭력 만세운동을 시작한 사건이다. 3·1 혁

명 三一革命 또는 기미년에 일어났다 하여 기미독립운동己未獨立運動이라고도 부른다. 대한제국 고종이 독살되었다는 고종 독살설이 소문으로 퍼진 것이 직접적인 계기가 되었으며, 고종의 인산일(=황제의 장례식)인 1919년 3월 1일에 맞추어 한반도 전역에서 봉기한 독립운동이다.

만세 운동을 주도한 인물들을 민족대표 33인으로 부르며, 그밖에 만세 성명서에 직접 서명하지는 않았으나 직간접으로 만세 운동의 개최를 위해 준비한 이들까지 합쳐 일반적으로 민족대표 48인으로도 부른다. 이들은 모두 만세 운동이 실패한 후에 구속되거나 재판정에 서게 된다. 약 3개월가량 지속적인 시위가 발생하였으며, 조선총독부는 이를 강경 진압으로 대응했다. 조선총독부의 공식 기록에 시위에 참여한 사람이 106 만여 명으로 적시되어 있으며(그러나 학자들은 만세운동 횟수는 2000여회 이상, 참가인원은 200만 명이 넘는 것으로 추산), 그 중 사망자가 7,509명, 구속된 자가 4만 7천여 명이나 되었다. 3·1 운동은 현대 대한민국 정부 수립의 역사적 기원이 되었다. 3·1 운동을 계기로 다음 달인 1919년 4월 11일 중국 상하이에서 대한민국 임시정부가 수립되었다. 이로써 올 해가 임시정부 수립 백주년이 되는 역사적인 해가 된다.

일제 강점기
한국을 사랑한
일본인 아사카와 형제

일본에서의 성장

한국학중앙연구원 한국향토문
화전자대전 자료에 의하면 아사카와 다쿠
미의 할아버지는 오비덴에몬小尾伝右衛門,
아버지는 나호사쿠如作, 어머니는 게이けい
이다. 한국을 더 많이 사랑한 아사카와 다
쿠미는 둘째 아들로 태어났으며, 형은 아
사카와 노리타가伯教이다. 1891년 1월 15일
야마나시山梨현 키타코마北巨摩군에서 출생

했다. 일기나 동료들의 기록에 의하면 1890년 10월 22일경으로 추정하기
도 한다. 1901년 아키타秋田 심상 고등 소학교에 입학하였으며, 1906년 야
마나시 현립 농림학교에 진학하여 형과 함께 자취하였다. 이듬해인 1907
년 8월 야마나시현에서 산림의 무차별한 남벌과 도벌에 의한 수해로 하
천이 범람하고 232명이 사망했는데, 이런 참상을 목격하고 치수治水의 근
원인 조림造林의 중요성을 통감하였다고 한다. 1909년 학교 졸업 후 아키
다秋田 현 오오다테大館영림서에서 국유림 벌채 작업에 5년간 종사하였다.

한국에서의 주요 활동

산림녹화

아사카와 다쿠미가 한국에 들어온 것은 1913년 5월 한국으로 건너와 소
학교 교원으로 일하고 있던 형 아사카와 노리타가의 권유로 이듬해 아사
카와 타쿠미도 부산을 거쳐 조선으로 건너와 조선 총독부 농공상부 산림
과山林課에 근무하게 되었다. 주 업무가 양묘養苗였으므로 종자를 채집하
기 위해 조선 각지를 돌아다니며 자연히 많은 조선 사람과 문물을 접하게
되었다. 나무 재배방법과 품종개량 등의 연구 작업에 참여해 1917년 5월
「조선 낙엽송의 양묘 성공을 보고함」이란 논문을 이시토야 쓰토무石戸谷
勉와 공동으로 발표하기도 하였다. 말하자면 지금 우리나라 전역에서 자
라고 있는 낙엽송 양묘방법을 개발한 사람이었다. 그리고 1919년에는 우
리나라 전역에 오래된 나무들, 예를 들면 제를 지내는 산제당, 신당, 성황
당 등의 배후에 위치한 당산목, 서당, 정자, 학교 등의 음영수陰影樹로 심
은 정자목, 촌락의 풍차, 방풍 또는 부락이 외부에 노출되는 것을 방지하
기 위해 심은 풍치목 등 노거수老巨樹 5천 300여 점으로부터 추려서 『조선
노거수 명목지名目誌』를 펴내기도 하였다. 1920년에 아사카와 다쿠미는
단순한 고용원에서 정식 공무원인 기수로 승진했고 그 다음해인 1921년
에 임업시험소가 북아현동에서 청량리로 옮겨지면서 이름도 임업시험장
이 되었다. 정식 공무원이 된 아사카와 다쿠미는 이곳의 관사로 옮겨 살
게 되었다. 이 시기에 아사카와 다쿠미는 임업 연구가로서도 많은 연구
결과를 남겼다. 그의 뜻은 헐벗은 조선의 산야를 푸르게 다시 가꾸는 것
이었다. 그래서 민둥산에 심어 잘 살 수 있는 수종을 찾고 그것을 보급하

는 데 주력하였다. 1927년 7월 『조선산림회보』에 「민둥산 이용 문제에 대하여」라는 글을 발표하였는데 "조선의 산업에서 암적인 존재로 치부되는 민둥산도 전혀 걱정거리가 아니게 될 날이 언젠가 오기를 고대하고 있다. 이 문제를 생각하게 되면서, 전에는 찌푸리고 보았던 민둥산을 이제는 군침을 흘리며 바라보게 되었음을 고백 한다."라며 민둥산마저도 사랑하는 마음을 드러내기도 하였다. 그러기에 조선 사람들을 있는 그대로 받아들이고 사랑할 수 있었다고 생각된다. 특히 잣나무 종자의 노천 매장 발아 촉진법(노천 매장법)을 개발한 것은 한국산림 녹화에 중요한 계기가 되기도 하였다.

한국 도자기와 생활문화 사랑

아사카와 다쿠미는 조선 도자기의 신이란 칭호를 받게 되며 도자기에 대한 남다른 관심을 가진 형과 같이 도자기에도 관심을 갖고 전국에 산재한 도요지를 답사하고 자료를 수집하는 데도 관심을 기울였다. 조선의 방방곡곡을 다니면서 도자기는 물론 조선의 민예품에도 큰 관심을 두고 수집하며 조사하였다. 그리고 1915년에는 형과 함께 일본으로 건너가 야나기 무네요시柳宗悅를 만나 청화 백자를 선물하며 조선 예술에 대한 관심 사안을 논의하였다. 이를 계기로 야나기 무네요시도 조선의 민예에 처음으로 눈을 뜨게 하는 안내자가 되기도 하였다.

그런데 아사카와 다쿠미를 더욱 빛나게 한 것은 임업시험장에서 나무의 재배법과 수종연구로 조선의 산림녹화에 기여한 점도 있지만, 우리에게 더욱 소중한 것은 조선의 민예에 대해 깊이 연구를 하였고, 더 나아가 조선민족박물관 설립운동을 전개한 것이다. 조선 민예에 대한 조사와 그

것을 널리 알리고 두 권의 명저로 기록을 남겼다. 『조선의 소반朝鮮의小盤』 (1929)과 『조선도자명고朝鮮陶磁名考』(1931) 등 두 권의 책을 발간하며 우리나라의 우수한 민속예술을 알리는 데 일조하였다. 흔히 조선시대 도자기의 아름다움을 재평가하고 조선의 민예품을 모아서 조선민족박물관을 설립한 것은 야나기 무네요시의 공적이라고 알고 있지만 이런 성과도 아사카와 다쿠미 형제의 영향도 있었음을 알 수 있다.

앞에서 야나기 무네요시가 조선의 도자기와 민예에 눈을 뜨게 한 것이 아사카와 다쿠미 형제가 안내자가 되었다는 사실을 전했지만, 야나기 무네요시에게 조선시대 도자기의 아름다움을 인도해 준 사람은 아사카와 다쿠미의 형 아사카와 노리타가였다. 야나기 무네요시는 고등과에 재학 중이던 1911년에 도쿄 간다神田의 어느 골동품 가게에서 모란꽃이 그려진 항아리를 하나 샀는데 그 때에는 그것이 조선의 것인 줄도 모르고 그냥 아름답다고 해서 샀고 제대로 접한 것은 1913년에 조선에 있던 노리다카 다쿠미가 야나기 무네요시의 집을 찾아 육각으로 된 추초문 청화백자 항아리를 가지고 왔을 때였다고 한다. 그때의 만남이 계기가 되어 1916년 여름에 야나기 무네요시가 노리다카 다쿠미의 초청으로 조선에 오게 되었고 오자마자 다쿠미를 소개받고 그의 집에서 머물게 되며 두 사람의 만남이 시작되었다. 야나기 무네요시는 다쿠미의 집에서 조선의 민예에 대해 눈을 뜨게 되었고, 다쿠미와 얘기를 하면서 그러한 민예품을 만든 조선 민족에 대한 깊은 이해심과 사랑이 시작되었다.

도쿄로 돌아간 야나기 무네요시는 1921년 1월호 『신조新潮』에 「도자기의 아름다움」이란 글을 썼고 이어서 「조선민족미술관의 설립에 대하여」라는 글에서 민족미술관의 설립을 추진하자고 호소하였다. 이러한 결심의 계기는 다쿠미의 집에서 본 큰 연꽃무늬 백자 항아리 때문이었다. 호소문이 나오자 기부금들이 속속 모여지기 시작했다. 야나기 무네요시와 성악가인 부인 가네코는 1921년 5월 조선에서 음악회를 열어 그 수익금 3천 엔을 조선민족미술관 건립기금으로 내놓았다. 경성에 사는 아사카와 다쿠미가 이 모든 과정을 적극 맡아 추진한 것은 말할 것도 없다. 돈이 모여지자 미술관을 설립할 장소를 물색하다가 경복궁 안의 집경당을 빌리기로 해서 1924년에 정식으로 조선민족미술관이 개관하게 되었다. 총독부는 당시 조선민족미술관이란 이름에 거부감을 표시하고 '민족'을 뺄 것을 요구했지만 야나기 무네요시와 다쿠미는 뺄 수 없다고 버텼다. 조선총독부의 보조금도 받지 않겠다는 뜻이었다. '민족'이란 말에는 조선을 사랑한 야나기 무네요시와 아사카와 다쿠미의 온 뜻이 담겨 있기 때문이었다. 또한 1922년 조선 총독부가 조선 신궁을 세우고 광화문을 헐려고 하자 부당성을 주장하며 반대하였다. 그해 10월 이조 도자기 전람회를 주선하며 야나기 무네요시柳 등과 분원分院 도요지를 조사하였다.

분원 도요지를 조사한 후 1925년 5월 「도요지 답사를 마치며」를 저술하였고, 1928년 3월 『조선의 소반』을 완성하였다. 『조선의 소반』은 그가 동네의 조선 사람들과 만나서 밥이나 술도 같이 먹으며 알게 된 조선의 밥상, 술상에서 그 아름다움을 발견하고 그것을 기록한 책이다. 이 책의 서문에서 아사카와 다쿠미는 "일상생활에서 나와 가깝게 지내면서 보고 들을 기회를 주고 내 물음에 친절하게 답해준 조선의 벗들, 셀 수 없이 많은 분들께 이 기회에 한꺼번에 감사의 뜻을 표하며 더 한층 친해지기를 바라 마지 않는다."고 했다. 그러면서 이 책이 학문적으로 계통적인 연구라든가 정연한 논거를 통한 고증이라든가 하는 것이 아니고 오직 조선 사람들과의 오랜 교제와 친교 덕분에 쓰게 된 통속적인 저술에 불과하다고 겸손해하면서도 이미 조선의 젊은이들에게도 잊힌 이런 것들이 세월이 지나면 더욱 잊힐 것이기에 될 수 있는 대로 충실하게 기록하려고 애를 썼다고 밝혔다.

아사카와 다쿠미 사상의 출발점은 "올바른 민속공예품은 친절한 사용자의 손에서 차츰 그 특유의 아름다움을 발휘하는 것이므로 어떤 의미에서 사용자는 완성자라고 할 수 있다."는 말에 집약되었다. 그는 순박하고 단정한 자태를 지니고 있는 조선의 소반은 일상생활에 친숙하게 봉사하고 세월과 더불어 우아한 멋을 더해 가는 것이기 때문에 올바른 민속공예의 표본이라며, 그러기에 소반을 주제로 골라서 저술하였다. 아사카와 다쿠미는 소반의 재질, 형태, 기능, 역할 등을 하나하나 분석하며 이런 생활의 아름다움이 앞으로 어떻게 사람들에게 평안을 주며 이것이 앞으로 어떻게 변화할지도 생각해보았다. 그러면서 이 아름다운 조선의 유산들이 사라질 것을 가장 염려하였다.

3·1운동 시 한국인 사랑

이사카와 다쿠미는 1916년 2월 미쓰에みつえ와 결혼하여 딸을 하나 두었으나 부인 미쓰에는 1921년 9월 폐렴에 걸려 사망하였다. 이 시기에 1919년 3월 1일 조선에서 독립운동이 일어났다. 3월1일부터 5월 말까지 계속된 독립운동에는 2000회 이상의 만세운동에 연인원 200만명에 이르는 조선인들이 참가했고 이 과정에서 조선인 7천여 명이 숨졌다. 만세 위주의 비폭력 독립운동에 일본에서는 폭동을 진압하는 과정에서 발생한 사망이라고 하겠지만 명백한 학살이었다. 일본에서는 조선에 육군 6

개 대대를 증파해서 철저히 탄압했다. 당시 일본이 장악한 언론과 일본의 지식인들은 독립운동의 발발원인을 왜곡하고 조선인들에게 독립운동이니 뭐니 하는 망상적인 행동보다는 일본과 내선일체를 통하여 동양의 위대한 국민으로서 실력을 양성해야 한다는 식으로 몰고 갔다. 일본의 역사학자들은 조선과 일본이 원래 같은 인종이며 같은 뿌리에서 나왔다는 이른바 일선동조론日鮮同祖論을 펴면서 조선이 독립해야 할 이유가 없다고도 망언을 서슴지 않았다.

이런 과정에서도 아사카와 다쿠미 주변의 인물들로부터 전해지는 한국인 사랑에 대한 말들을 소개하고자 한다. 먼저 야나기 무네요시가 5월 20일부터 닷새 동안 『요미우리신문』에 「조선인을 생각한다」라는 글을 발표했고 이 글이 번역돼 동아일보에 실려 조선인들의 대단한 호응을 받기도 하였다. 이때 아사카와 다쿠미는 그의 친구인 야나기 무네요시에게 편지를 보내어 그의 심정을 털어 놓았다.

"저는 처음 조선에 왔을 무렵, 조선에 산다는 것이 마음에 걸리고 조선 사람들에게 미안한 마음이 들어, 몇 번이나 고향에 돌아갈까 생각하였습니다 …. 조선에 와서 조선 사람들에게 아직 깊이 친밀감을 느끼지 못했던 무렵 쓸쓸한 마음을 달래주고 조선 사람들의 마음을 이야기해준 것은 역시 조선의 예술이었습니다."

야나기 무네요시는 이러한 아사카와 다쿠미의 편지를 1920년 5월 조선을 여행하고 쓴 기행문 「그의 조선행」에 인용하면서 당시 조선에 있던 모든 일본인이 미움의 대상이 되었을 때도 아사카와 다쿠미만은 마을에서 그를 아는 모든 조선 사람들로부터 사랑과 존경을 받았으며, 동네에서 그의 이름을 모르는 사람이 없었다고 전하고 있다.

　두 번째로 1921년에 독창회를 위해 남편과 함께 조선에 건너온 야나기 무네요시의 부인 가네코도 아사카와 다쿠미에 대해서 "다쿠미 씨는 조선 통이어서... 형님보다 다쿠미 씨가 조선말을 더 열심히 공부하였다고 생각됩니다. 조선 사람으로 오해받을 정도로요. 얼핏 보면 조선사람 같았어요. 늘 흰 옷을 입고 다녔으니까요...그 분은 정말 조선 사람이었어요."라고 말했다. 정말로 당시 조선과 조선 사람들을 사랑해서 그들과 함께 살았다는 이야기이다. 그는 늘 조선 옷을 입고 조선 사람처럼 살았다. 그래서 그에 대한 일화도 많이 전해진다. "조선 옷을 입고요 정말 행색이 변변치 못했죠. 그러니까 조선 사람으로 오해받아 '요보 요보'라는 놀림을 받곤 했어요. 전차 칸에 앉아있을 때 어떤 일본인이 와서 '요보, 비켜' 하며 자리에서 일어나라고 하면 아무 말 없이 남에게 자리를 내주었습니다. 한 번은 한 청년이 있었는데 아버지가 돌아가셔서 학교를 그만두었다는 말을 듣고는 딱하다고 등록금을 내어주며 끝까지 학교에 보내주었습니다. 그래서 동네 사람들이 만물이라고 수확한 옥수수도 갖고 오고 무도 갖고 오고 열심히 마당을 쓸어주거나 목욕물을 퍼 올려 주거나 했어요. 그럴 때는 그런 사람들에게는 용돈을 주었습니다."라고 전하기도 하였다.

　세 번째로 누나인 사카에가 전하는 말이다. 언젠가 야채 장수 여자가 온 일이 있다. 하나에 20전이라고 하니 옆에서 부인이 말했다. "지금 근처의 다른 곳에 가면 깎아서 15전에 살 수 있어요.", "아 그래 그렇다면 나는 25전에 사주지" 그는 가난한 사람을 그렇게 돌보아 주었다고 한다. 부인은 일부러 비싸게 사주는 남편의 행동에 미소를 지었다. 그에게는 남모르게 부엌으로 선물이 배달되곤 했다. 모두 가난한 조선 사람들이 호의로 보낸 선물들이었다. 이처럼 조선 사람은 일본인은 미워해도 아사카와 다쿠미는 사랑했다.

죽어서도 영원히 사랑받는 일본인

조선인 공동묘지에 묻히다.

아사카와 다쿠미는 1930년 「조선 고요적古窯跡 조사 경과 보고」를 집필하고, 12월 조선 공예회를 개최하기도 하였다. 또한 1931년 2월부터 3월에 걸쳐 다쿠미는 조선의 산림녹화를 위해 묘목 기르기에 관한 강연을 하러 조선 각지를 돌아다녔다. 건강한 아사카와 다쿠미였지만, 이러한 강행군으로 3월 15일 집으로 돌아왔을 때 감기가 심하게 걸려서 건강을 위협하였다. 이러한 몸으로 3월 26일 임업시험장에서 아사카와 다쿠미는 산림과 묘목을 찍은 필름의 시사회를 열었다. 그리고는 그날 집으로 돌아올 때 유난히 어깨가 축 처지는 등 심각한 건강 악화 증세를 보였다. 조카딸이 작은아버지의 건강이 안 좋은 것 같다고 걱정스러운 말까지

하였다. 결국 그다음 날인 27일 아사카와 다쿠미는 급성 폐렴으로 자리에 누웠다. 그러면서도 29일에는 40도에 가까운 고열에도 불구하고 야나기 무네요시가 부탁한 『공예』 5월호에 게재할 「조선다완」 원고를 마쳤다.

4월 1일 그의 병세가 더욱 악화되자 일본 교토에 있던 가장 절친한 동료인 야나기 무네요시에게 전보를 쳤다. 전보를 받은 야나기 무네요시가 밤을 새워 현해탄을 건너와 조선 땅 부산에 도착하였다. 4월 2일 밤중에 기차를 타고 대구를 지나고 있었는데 아사쿠사 다쿠미는 이미 그 전 오후 6시에 사망하였다. 끝내 야나기 무네요시는 가장 절친한 동료 아사카와 다쿠미의 임종을 보지 못했다. 아사카와 다쿠미는 겨우 40살에 생을 마감하였다. 다행히 그의 형 아사카와 노리타가가 마지막 가는 길을 지켰다. 장례식은 4월 4일에 진행되었다. 아사카와 다쿠미는 평소에 죽어서도 조선식으로 장례를 치러 달라고 말했다. 일본에서 급히 달려온 야나기 무네요시 등 많은 지인들과 지역의 조선인들이 구름처럼 모였다. 장례식에서 나중에 죽어서 한국 땅에 묻힌 또 한 사람의 일본인으로, '조선 고아의 아버지'로 유명한 소다 가이치曾田嘉伊智 목사가 "여호와는 나의 목자시니 내가 부족함이 없으리로다."로 유명한 성경의 시편 23편을 낭독해 주었다. 형 아사카와 노리타가가 장례식에 오신 손님들께 고맙다는 인사말을 하였다. 관이 떠날 무렵 아사카와 다쿠미의 죽음을 슬퍼하는 조선 사람들이 떼 지어 모여들었다. 훗날 야나기 무네요시는 그 광경을 이렇게 묘사했다.

"누워있는 그의 시신을 보고 통곡하는 조선인들이 얼마나 많았던가. 조선과 일본 사이에 반목의 그림자가 어둡게 드리운 당시로서는 보기 드문 장면이었다. 관은 조선 사람들이 자원하여 메고 청량리에서 이문리의 언덕까지 운구했다. 자원하는 사람이 너무 많아서 다 응할 수가 없을 정도였다. 그 날은 비가 몹시 내렸다. 도중에 마을 사람들이 운구 행렬을 멈추고 노제를 지내고 싶다고 졸라대었다. 그는 그가 사랑한 조선 옷을 입은 채 조선인 공동묘지에 묻혔다."

아사카와 노리다카와 다쿠미 두 형제와 절친한 사이였던 조선공예회 회원이며 경성제대 교수 아베 요시시게는 1931년 아사카와 다쿠미가 죽자「인간의 가치人間の価値」라는 제목으로 긴 애도의 글을 썼다. 이 글은 1834년부터 1945년까지 일본 이와나미 출판사에서 엮은 『국어 제6권』(고등학교에 해당) 국정교과서에 실려 일본의 젊은이들도 아사카와 다쿠미를 많이 알게 되었다. "아사카와 다쿠미는 관직도 학력도 권세나 부귀에도 의지하지 않고 그 인간의 힘만으로 당당히 살아갔다... 조선에는 크나큰 손실인 것은 두말할 필요도 없거니와 나는 다시 크나큰 인류의 손실이라고 말하는 데에 주저하지 않겠다. 인간의 길을 바르게 용감하게 걸어간 사람의 상실만큼 큰 손실은 없기 때문이다. 아사카와 다쿠미의 생애는 칸트가 말한 것처럼 인간의 가치는 실로 인간에 있으며 그 이상도 그 이하도 없음을 실증했다. 나는 마음속으로부터 인간 아사카와 다쿠미의 앞에 머리를 숙인다."라고...

아사카와 다쿠미가 연구한 것은 조선의 민예와 골동 민속 등에 관한 것이 뛰어난 것이 많지만 임업에 관련된 것도 많은 글을 남기고 있다. 그중에 활자화된 것도 있지만 그렇지 못한 것도 있었다. 다카사키 소지의 조사에 의하면 1934년 4월호 『공예』에 발표된 「조선의 김치」가 아사카와 다쿠미의 눈이 조선의 부엌과 음식에 관해서까지 미치고 있음을 보여주는 한편 「잡초 이야기」, 「비료 이야기」, 「모리오카의 조선소나무」, 「병충해」 등이 있고 소설 「자동차」, 「숭늉」도 있다고 한다. 형인 아사카와 노리다카의 유품 속에서도 유고가 발견되기도 했다. 「조선 도요지 유적조사 경과 보고」란 글이 그것이다. 이외에도 많은 연구 자료들이 있었지만 흩어져서 아쉬움을 더해주고 있다.

죽어서 조선의 흙이 된 일본인

한국의 산과 도자기, 소반 등 민속 문화를 사랑했던 아사카와 다쿠미는 유언대로 죽어서 한국인들에 의해 한국에 묻혔다. 아사카와 다쿠미가 묻혀있는 곳은 서울 중랑구 망우리 묘지 동락천 약수터 근처로 203363호로 분류된 무덤이다. 망우리에선 드문 일본인 무덤이다. 그래서 아사카와 다쿠미의 이름 앞에는 "죽어서 조선의 흙이 된 일본인"이라는 수식어가 항상 붙는다. 아사카와 다쿠미의 봉분 왼쪽에는 검은 비석이 세워져 있다. 1984년 8월23일에 임업시험장 직원들이 세운 것으로 앞면에 '한국의 산과 민예를 사랑하고 한국인의 마음속에 살다간 일본인 여기 한국의 흙이 되다', 뒷면에 '아사카와 다쿠미: 1891.1.15 일본 야마나시현 출생, 1914-1922 조선총독부 산림과 근무, 1922-1931 임업시험장 근무, 1931.4.2 식목일 기념행사 준비 중 순직(당시 식목일은 4월 3일). 주요업적: 잣나무 종자의 노천매장발아촉진법 개발(1924), 조선의 소반(1929), 조선의 도자명고(1931) 저술'이라고 적혀 있다.

아사카와가 죽은 뒤에도 계속 경성에서 살던 아내와 딸은 광복 후 일본으로 돌아갔다. 야나기 무네요시의 배려로 딸은 야나기 무네요시의 비서로, 부인은 일본민예관에 일자리를 얻었다. 그러나 오랫동안 국교가 단절된 상태에서 아사카와의 묘소는 돌보는 이 없이 덤불 속에 가려지고 묘표도 넘어져 뒹굴고 있다가 1964년에 방한한 화가 가토 쇼린加藤松林(1898~1983)이 임업시험장 직원들의 도움으로 어렵사리 묘를 찾았다. 매년 4월 2일 서울과 일본의 유지有志들이 아사카와 다쿠미의 묘 참배 행사를 열고 있어 죽어서도 영원히 사랑받는 일본인이 되었다.(참고문헌: 「한국학중앙연구원, 한국향토문화전자대전-아사카와 다쿠미 자료, 아사카와 다쿠미를 생각하다-작성자 동산선생」 『위키백과』, 『네이버 지식백과』)

참고문헌

김순희, 『아사카와 다쿠미 평전』, 효형출판, 2005.

백조증, 『한국을 사랑한 일본인』, 부코 , 2011.

이동식, 『친구가 된 일본인』, 나눔사, 2017.

독도연구보존협회 자료(독도 관련 노래와 독도가 한국의 영토라는 역사 정리 자료).

소다
가이치

曾田嘉伊智

공저본 상임이사, 세종로국정포럼 이민정책위원장
전 IOM이민정책연구원부원장 김원숙

> "한국 고아의 아버지, '소다 가이치曾田嘉伊智'.
> 28일 상오 서울 용산구 후암동 370번지
> 영락永樂 보린원에서 별세했다.
> '한국 땅에 묻히고 싶다'는 그의 소원이 이뤄졌다."
>
> – 동아일보, 1962년 3월 29일자 기사 –

소다 가이치와의 인연

　　최근 언론보도에 의하면 우리나라는 2018년 12월말 국민소득 3만 달러를 상회한 것으로 나타났다. 백여 년 전 만주벌판에서 복지국가 실현을 염원하던 독립지사들의 소망이 상당 부분 성취된 것이다. 서울 국립현충원 애국지사 묘역을 참배하다 보면 어느 지사의 묘비에 미래의 복지국가에 대한 꿈을 그리고 있는 것을 볼 수 있다. 그들은 일제에 대한 무장 투쟁만 한 것이 아니라 가슴속에는 겨레에 대한 무한한 사랑과 더불어 머리로는 건설해야 될 미래 국가의 청사진을 마련하고 있었다.

그러나 일제강점기와 6·25를 겪는 동안 기아와 질병 그리고 전란으로 초근목피를 해야 했고, 오갈 데 없는 기아와 고아 등 사회적 구호대상자들이 거리에 차고 넘치던 시기가 있었다. 복지를 구현해야 할 주체인 국가가 없고, 또한 전란의 와중에 있다 보니 미리 손을 쓸 여지가 없었던 것이 반세기 이전의 우리나라 형편이었다.

이러한 어려운 시기에 구휼의 손을 내밀어 인도의 꽃을 활짝 피워낸 이

국내에서 문화훈장을 받은 故 소다 가이치의 추도식이 거행되어 윤치영 서울시장이 참석했다. 1964. 5. 2.
출처: 서울특별시

들이 있었다. 일제강점기에는 고아의 아버지 소다 가이치 부부와 고아의 어머니 윤학자(일본명 다우치 치즈코), 1950년대에는 6·25 전쟁고아의 아버지인 러셀 블레이즈델 목사와 딘 헤스 목사가 바로 그들이다. 이와 함께 입양아의 대부인 해리 홀트도 기억하지 않으면 안 된다. 지면이 허용된다면 이들 다섯 분을 다 함께 살펴 볼 수 있겠지만, 여기서는 주로 소다 가이치 부부에 대해서 언급하고자 한다.

필자는 2018년 3월 7일 서울시 서초동에 자리한 사랑의 교회를 방문하였다가 구내 서점에서 닥터 홀의 『조선회상』이라는 책을 만나게 되어 기쁜 마음으로 단숨에 읽어 내려갔다. 3월 12일 그의 가족이 영면하고 있는 양화진 외국인선교사묘원을 참배하였다. 바로 그 이웃에서 뜻밖에도 일본인 소다 가이치Soda Gaichi, 曾田嘉伊智(1867~1962)와 그의 부인 우에노 上野(1878~1950)의 묘비를 발견할 수 있었다. 고아의 아버지라고 불리는 사실만을 확인한 채 그냥 지나쳤다. 묘원 내에 잠들어 있는 수많은 선교사들의 비석에 적혀 있는 이름과 표문들을 읽고 사진을 촬영하느라 여념이 없었기 때문이다. 내친김에 절두산 성지도 참배하였다. 가슴속 깊은 곳에 성스러운 기운이 넘쳐났다.

이제 때가 왔다. 소다 가이치에 대해 정면으로 마주하게 된 것이다. 2019년 1월 12일 공저본에서 주관하는 '제1기 스마트폰을 통한 스마트워킹, 일하는 방식의 혁명 교육' 수료 기념으로 『100년 대한민국의 파트너, 외국인』에 대해 책자를 발간하기로 한 것이다. 교육생 25명이 각자가 우리나라에 공헌한 외국인 한명씩을 선정하여 다섯 쪽 내지 열 쪽 분량의 글을 써서 취합하여야 하는데, 다른 교육생들에게 먼저 선택하도록 하다 보니 필자는 소다 가이치에 대해 쓰게 된 것이다.

선교사로서의
특색

언더우드, 아펜젤러, 베델 등 서양인 선교사들에 대한 글과 자료는 넘쳐난다. 하지만 소다에 대한 자료는 상대적으로 빈약했다. 그도 그럴 것이 그는 생전 자신의 의를 드러내는 것을 극도로 싫어해 그에 관한 기록과 사료가 부족한 편이었다. 대한감리교에서 펴낸 한국감리교인 명사전에도 간략히 기술되어 있을 뿐이다. 그나마도 대부분 YMCA 운동가 전택부(1915~2008) 선생이 기독교 민족운동가들과 함께하며 조선 독립을 후원했던 소다의 삶을 정리해 놓은 것이 값진 1차 사료로서 인용되고 있을 뿐이다.

그래도 조선일보, 동아일보, 중앙일보, 경향신문, 국민일보 등 주요 일간지와 블로그 등에서 소다에 대한 기사를 여러 차례 다룬 바 있어 이를 토대로 정리할 수 있었음을 미리 밝혀 둔다.

먼저 특기할 사항으로는 서양인 선교사들은 대부분 우리나라에 입국하기 전에 신앙공동체에서 소정의 선교사 교육을 받은 후 소속 종교단체의 파송명령과 주재국 정부의 허가를 받고 입국하여 선교활동을 하였다. 그런데 소다 가이치는 평범한 회사원 생활을 하다가 자신의 생명을 구해준 은인의 나라인 조선으로 입국한 이후에 주변의 감화를 받아 기독교인이 되었고, 특히 독실한 기독교 신자인 부인의 내조에 힘입어 완전히 새로운 삶을 개척하여 전도사로서의 역할과 함께 사회적 소외자들인 고아 돌보는 일에 평생 봉직하였다는 점이다.

방랑과 결혼

널리 알려진 바와 같이, 서울 마포구 합정동의 양화진에 있는 외국인선교사묘원은 구한말에서 일제강점기에 걸쳐 입국하여 우리나라 교육·의료·언론 등 발전에 기여한 미국·영국·캐나다·호주 등지에서 온 서양 선교사들이 묻혀 있는 곳이다. 유일한 일본인인 소다 가이치 부부는 어떻게 여기에서 영면하게 되었을까? 그의 행적을 중심으로 연대기적으로 살펴본다.

소다 가이치는 본래 고아를 돌보는 생활과는 거리가 먼 삶을 살았다. 그는 1867년 10월 20일 일본 야마구치山口현 소네무라曾根村에서 출생하여 오카야마岡山의 서당에서 한학을 공부하였다. 21세 때 고향을 떠나 일찍이 개항된 나가사키로 가서 탄광에서 일하며 초등교사 자격증을 얻어 교사가 되었다.

25세가 되던 해인 1893년 노르웨이 선박 선원으로 홍콩에서 영어를 익혔고, 1895년 청일전쟁으로 일본이 승리하여 대만이 일본 식민지가 되자 그곳으로 건너가 독일인이 경영하는 공장 사무원 겸 통역을 하기도 하였으며, 한때는 중국 본토에 가서 해군에도 종사하고, 중국 혁명의 아버지로 불리는 손문孫文을 만나 혁명운동에도 가담하였다. 시서화에 능해 어디 가나 존경을 받았으며, 소다는 두주불사였다.

그러다 30대에 접어들자 다시 대만으로 돌아가 방랑생활을 계속하였다. 그 후 1899년에는 술에 취해 길에 쓰러져 빈사瀕死 상태에 처해 있을 때 이름 모를 조선인의 도움으로 죽음을 면하게 되었다. 그 후 자기 생명을 구해준 은인의 나라 조선에 은혜를 갚고자 1905년 6월 조선에 입국하였다.

그는 황성기독교청년회(현 서울YMCA) 학관에서 일본어 교사로 일하게 되면서 이곳 종교부 총무로 있던 월남 이상재 선생과의 만남을 계기로 기독교인이 되었고, 당시 식민지 조선의 참담한 상황에 눈을 뜨게 되었다. 또한 그곳에서 유성준·이승만·윤치호·김경록 같은 독립투사들을 알게 되었고, 서양 선교사와 조선 기독교 지도자들을 만나게 되었다. 특히 이상재와 이승만 등과는 각별했다. 무엇보다 월남 이상재가 항일운동으로 감옥에 들어가 그리스도인이 돼 출옥하자 그를 스승으로 삼았다. 그 무렵 한국은 대부흥운동이 한창이었다.

생전 그와 교유했던 전택부 선생의 증언이다.

"소다 전도사는 젊을 때 대주가였어요. '혈기왕성해 난폭한 짓을 많이 했다'고 말하곤 했죠. 일본어 교사로 있으면서 YMCA집회 참석과 이상재 선생 영향으로 신실한 사람이 됐습니다. 백만구령운동 당시 '동포여, 경성하라'는 전도지를 뿌렸는데 적극적으로 나서 복음을 전했죠. 금주회 회장도 했었어요."

1908년 소다는 일본인 초등학교인 히노데   소학교(일신초등학교의 전신) 교사이자, 숙명여고와 이화여고에서 영어교사를 하고 있던 독실한 기독교 신자 우에노 다키코를 만나 결혼을 하게 되면서 이전과는 전혀 다른 삶을 살게 된다. 아동문제에 관심이 많았던 이들 부부는 열악한 환경에 처해 있는 한국 고아들을 위해 평생을 헌신하기로 결심한다. 소다는

YMCA 일어 교사직을 그만두고 일본인 경성감리교회 전도사가 되어 성경을 판매하는 매서인을 겸하며 복음전도에 투신한다.

고아 사랑과
독립운동 지원

1921년 소다 전도사는 가마쿠라보육원鎌倉保育園 경성지부 책임자로 임명되면서 이들 부부의 고아들을 위한 사업은 본격화되었다. 일본의 가마쿠라보육원은 1896년 일본인 사다케가 세웠으며 경성지부는 1913년 무렵 설립됐다. 한국 근대식 고아원의 시발점이다. 보육원(현 영락보린원)은 총독부가 대여한 서울 용산구 후암동의 1천 200평의 대지 위에 세워졌다.

당시 세계적인 경제공황과 식민치하의 상황에서 고아를 돌본다는 것은 지금과는 비교도 할 수 없는 희생이 뒤따르는 것이었다. 무명의 기독교인들의 협조로 어려움을 극복하기도 했다. 고아원이 경제난으로 문을 닫게 될 위기에 처했을 때, "소다 선생 내외분이 하신 일은 하나님의 거룩한 사업이었습니다. 우리나라 동포를 대신하여 감사드립니다."라는 익명의 편지와 거금 1천 원이 마당에 놓여있었다고 한다.

소다 부부는 일제의 무단정치에 분노하면서 독립운동에도 관여했다.

1911년 조선총독부가 민족해방운동을 탄압하기 위해 신민회 회원 105명을 투옥시킨 '105인 사건'이 발생하자 소다 가이치는 조선 총독이던 데라우치를 찾아가 이들의 석방을 요구했다. 투옥, 추방, 망명 등이 이어졌다. 훗날 초대 대통령이 되는 이승만도 김규식과 함께 망명길에 올라야 했다.

또한, 3·1운동으로 월남 이상재 선생이 투옥되자 소다는 이에 분개하여 당시 대법원장 와타나베를 찾아가 석방을 호소하기도 했다. 또 일제의 불의와 만행을 맹렬히 공격하자 총독부는 그를 '간사한 놈', '한국인 앞잡이' 등으로 몰아붙였으나 예수의 정의로 맞섰다.

중일전쟁이 한창일 때 헌병대에 불려가 "한국 고아들을 데려다 항일 교육을 시킨다."라며 탄압을 당하기도 하였다. '보육원 불령선인'(반일 조선인)은 보육원을 나와 지하조직 활동을 하는 청년들이었다. 그는 헌병대에 찾아가 "내 불찰"이라며 머리 숙인 뒤 그들을 일단 빼 내기도 하였다. 훗날 악질 일본인과 한국인들에게 '위장한 자선가'라는 모함을 받기도 받았다.

특히, 가마쿠라 보육원장으로서 수많은 고아들을 양육하는데 정성을 기울였다. 거리에 버려진 갓난아기를 데려다 이집 저집 안고 다니며 젖동냥을 하기도 했고, 밤새워 우는 아이들을 안고 꼬박 날을 밝히는 일이 허다했다. 소다 부부는 해방 전까지 무려 천여 명의 한국 고아들을 길러냈다. 그들은 한국의 '하늘 할아버지·하늘 할머니'로 불렸다.(함성택 시카고 한미 역사학회장, 시카고 중앙일보, 2009. 4. 6.)

1943년 가을에 부인에게 고아원을 맡기고 소다는 함경도 원산 감리교회 전도사로 부임했다. 그리고 그곳에서 해방을 맞이하게 된다. 국민들은 일본에 대한 분노가 폭력으로 이어졌고 소다는 일본인들을 교회 안으로 피신시키고 군중을 설득했다. 그의 인품을 아는 군중들은 순순히 물러나기도 하였다.

부인과의 사별 그리고 전도여행

1947년 10월 13일 서울로 돌아와 부인을 잠깐 만나고 부산으로 내려간 뒤 1947년 11월 일본으로 돌아갔다. 일본을 전도하기 위한 여행이었다. '주님의 은혜를 어찌 다 갚으리오. 세월만 허송하여 백발이 성성하다.… 나는 동쪽나라로 여행을 가야 하네'라는 한시를 남겼다.

이때 이들 부부는 세 가지 서약을 한다. 첫째 하나님 은혜를 확신한다. 둘째 어떤 재난이 오더라도 십자가를 우러러보며 마음의 평화를 간직한다. 셋째 하나님의 가호를 빌며 살다가 천국에서 만난다.

소다는 성경을 손에 쥐고 '세계 평화'라고 적힌 띠를 두르고서 전도여행을 하며 믿지 않는 영혼들의 회개를 촉구했다. 일본 언론이 「조국 전도를 위해 귀국」이라는 기사를 쓰면서 그에게 전도 이유를 묻자 "우리 모두 예수를 믿을 특권과 그분을 위해 고난 당하는 특권, 또 섬기는 특권을 받았다. 한·일 친선은 이루어질 것이다. 경성에만 한국인과 결혼한 여성이

700~800명이다. 재일 한국인 60만 명에 대해서도 일본인은 조금 더 올바르게 이해하기 바란다. 나는 장차 한국인들과 같이 있기를 원한다"라고 답했다.

부인은 고아들을 돌보다 1950년 1월 74세로 세상을 떴다. 여학교 교사와 고아원 보모로 헌신한 우에노 다끼꼬上野, Ueno Takiko(1878-1950)는 1878년 일본의 독실한 기독교 가정에서 출생했다. 나가사키 기독교학교를 졸업하고 1896년 조선에 입국하여 히노데소학교日出 교사로 봉직했다. 히노데 소학교는 고종황제의 고명딸인 덕혜옹주가 다닌 곳이다. 우에노는 1908년 30세 때 41세의 소다 가이치와 결혼했다. 숙명여학교와 이화여학교의 영어교사로 일하다가 1926년 퇴직하여 가마쿠라 보육원에서 남편을 도와 보모가 되어 고아들을 돌보는데 일생을 바친 것이다. 부인은 양화진 묘역에 안장되었다.

당시 한일 관계로 부인의 장례식에 참석을 못 하였지만, 그는 도리어 찬송과 감사로 하나님의 가호를 빌었다. "그녀는 훌륭한 신앙을 가지고 봉사의 생애를 마쳤습니다. 하늘나라에서 아니 그의 영혼은 늙은 남편과 같이 여행하면서 힘이 될 줄로 믿습니다. 그는 나대신 한국 땅에 묻혔습니다."라고 전택부는 기록했다.(참고문헌: 『연합기독뉴스』, 2011.07.27. 전택부, 『이 땅에 묻히리라』, 1986)

한국 재입국과 영면

"나는 역시 조선에서 죽어야겠습니다.

그렇지 않으면

조선의 형제들에게 미안합니다."

1960년 1월 일본 아사히신문朝日新聞은 「한국 대통령 이승만씨의 옛 친구 소다 옹翁이 한국 귀환을 열망하다」라는 제목의 기사를 실었다. 제2의 고향 한국에서 여생을 보내고 싶어 하는 소다의 이야기가 알려지자 한경직 목사 등의 노력으로 정부는 그의 입국을 허용했다. 8·15 광복 후 국교가 정상화되기 전에 한국을 대표하여 일본에 주재한 대한민국 주일대표부는 일본을 점령한 연합국 총사령부의 요구에 따라 1949년 1월 4일 일본의 도쿄에 설치하였다. 1965년 12월 18일 한국과 일본 간의 기본관계에 관한 조약의 비준서가 교환되고 즉시 발효하여 국교가 정상화된 후, 1966년 1월 12일 양국 대사가 교환됨으로써 폐지되었다.

1961년 3월 서울에 돌아온 그는 영락보린원에서 여생을 보내다가 1962년 3월 28일 95세를 일기로 타계했다. 아직 일본과의 정식 수교 전이었으나 대한민국 정부는 일본인에게는 처음으로 문화훈장을 추서했다. (참고문헌: 『조선일보』, 2011.10.7. 『숭대시보』, 2017.05.29)

서울YMCA에서 거행된 그의 추도식을 앞두고 반일 감정 때문에 협박편지 등이 이어졌으나 한국교계는 "아무리 일본인이라도 우리 민족에 은혜를 끼친 사람이면 보답하는 것이 도리 아니냐."라며 물리쳤다. 장례식은 1962년 4월 2일 '사회단체연합장'으로 국민회당(의사당)에서 집례되었다. 2천여 조객이 참석한 가운데 대광고교 밴드의 조악弔樂으로 시작하여 한경직 목사의 사회로 기도와 성경 봉독, 그리고 재건운동본부장柳達永, 보사부장관鄭熙燮, 서울시장尹泰日의 조사가 있었다.

유족으로 조카딸 마스다增田須美子가 참석하였으며, 박정희 의장과 일본 외상小坂은 조화를 보냈다. 유달영은 조사에서 "소다 옹의 생애는 어느 사회사업가보다 우리들에게 감격과 충격을 준다. 소다의 생애처럼 깨끗한 인류애와 사랑만이 한국과 일본이 단합할 수 있다."라고 말했다.(참고문헌: 『한국일보』, 1962.04.02)

부인과 합장된 소다의 묘비 뒷면에는 "소다 선생은 일본 사람으로 한국인에게 일생을 바쳤으니 그리스도의 사랑을 몸으로 나타냄이라. 1913년 가마쿠라 보육원을 창설하여 따뜻한 품에 자라난 고아 수천 이러라. 1919년 독립운동 시에는 구금된 청년의 구호에 진력하고 그 후 80세까지 전국을 다니며 복음을 전파하다. 종전 후 일본으로 건너가 한국에 대한 국민적 참회를 순회 연설하다. 95세인 5월, 다시 한국에 돌아와 영락보린원에서 1962년 3월 28일 장서하니 향년 96세라. 동년 4월 2일 한국 '사회단체연합'으로 비를 세우노라."라 쓰여 있다.

묘비 측면에는 다음과 같은 주요한의 시가 그의 일생을 대변하고 있다.

언 손 품어 주고 쓰린 가슴 만져 주어
일생을 길다 않고 거룩한 길 걸었어라
고향이 따로 있든가 마음 둔 곳 이어늘

이처럼 소다를 서울 YMCA 교사로, 원산교회 전도사로, 가마꾸라 보육원장으로 40년간을 한국에서 살며 수천 명의 고아들의 아버지가 되게 한 최초의 한 사람은 무명의 조선인 청년이었다. 다문화시대에 진입한 우리의 자세를 일깨워 주는 사례라 하겠다.

앞에서 언급한 바와 같이 소다는 선교의 사명을 가지고 먼 길을 찾아와 큰 업적을 남긴 조선개신교 초기의 다른 선교사들과 달리 조선에 와서 조선의 초기 개신교 신도들을 통해 복음을 받아들이고 힘없고 불쌍한 조선의 고아들을 위해 평생을 바쳐 음지에서 그리스도의 사랑을 몸으로 나타내었다.

소다는 친한파, 친일파의 사이에서 오해도 많이 받았고 미움도 많이 받았지만 그를 아는 조선의 기독교인들은 그를 진실한 기독교인으로 기억하고 복음을 몸으로 전해주기 위해 일본에서 온 선교사로 받아들였기에 일본인에 대한 구원舊怨도 거두고 소다 가이치 전도사와 우에노 여사의 묘비를 외국 선교사들의 묘지인 양화진에 세워 기리고 있는 것이다.

아사카와 다쿠미 편에서 언급한 바와 같이, 소다는 1931년 4월 2일 아사카와 다쿠미의 장례식 때 참석하여 성서를 낭독하였다고 한다. 그는 다쿠미가 교적을 둔 경성감리교회의 전도사로서의 인연이 있기 때문이라고 한다. 다쿠미는 망우리 묘역에 안장되어 있다.(참고문헌: 김영식, 『망우리 사잇길에서 읽는 인문학, 그와 나 사이를 걷다』)

소다가 남긴
유산

소다의 봉사 정신은 현봉학에게도 이어졌다. 현봉학은 1950년
흥남철수 대작전 때 미군을 설득해 9만 2,000여명의 피난민을 탈출시킨
전쟁 영웅이다. 그는 1941년 입학한 세브란스의전 시절 남대문교회 집사
가정의 가정교사로 입주해 생활하며 후암동의 소다가 운영하는 가마쿠
라보육원 주일학교 교사로도 봉사했다. 그는 "소다 부부를 통해 크리스
천으로서의 삶이 무엇인가 조금이나마 깨달았다. 식민지 청년에게 신선

1964년 5월 1일 서울시는 국내에서 문화훈장을 받은
故 '소다 가이치' 씨의 가족을 초청해 조선 호텔에서 만찬을 했다.
출처: 서울특별시

한 감동을 준 소다 할아버지 내외와 같은 길을 걷고 싶다는 충동을 느끼기도 했다."라고 증언했다. 현봉학의 공적을 기리고자 2016년 서울역 건너편 옛 세브란스병원 터인 연대 세브란스빌딩 앞에 그의 동상이 세워졌다.

소다가 남긴 유산은 외교분야에도 계속되고 있다. 주히로시마한국총사관은 소다가 태어난 야마구치현과 윤학자 여사의 고향인 고치현을 관할하고 있다. 서장은 전 히로시마총영사는 2016년 8월 26일 공관을 찾아온 소다의 후손과의 만남을 언급하면서 소다와 윤학자 두 사람을 우리 국민 모두가 기억해야 한다고 강조했다.(참고문헌: 『서장은 전 히로시마총영사 블로그』)

소다가 운영했던 서울 후암동 남산자락에 소재한 고아원은 현재 영락교회 사회복지법인이 운영하는 '영락보린원'이 됐다. 야고보서 1장 27절 '고아와 과부를 그 환난 중에 돌아보라'는 말씀에 따라 세워졌다. 해방 후 혼란기에 불타버린 이곳을 한경직(1902~2000) 목사가 인수하고 영락보린원을 세워 '고아원 헌신'을 공유하였다.

1989년 개원 50주년 기념예배에서 한경직 목사가 "해방 후 혼란기에 고아원이 불타 없어지고 터만 남았다."라며 "미국과 교섭해 천막을 얻어와 고아원을 시작했다."라고 한 것에 미루어 보린원 전신 가마쿠라보육원은 소아 가이치 전도사와 우에노 다키 부부의 노력에도 반일 감정 등으로 운영이 쉽지 않았던 것을 알 수 있다.

영락보린원 정문에는 '전생서典牲署 터'라는 기념석이 있다. 이는 조선 왕실 제사에 쓸 가축을 기르는 일을 맡았던 관청 터라는 표식이라고 한다. 이 관청은 1894년 갑오경장 때 폐쇄됐다. 따라서 후암동 일대는 초지

였거나 소와 돼지우리가 있던 너른 산자락이었던 것 같다.(참고문헌: 『국민
일보』, 2018.07.27)

한국과 일본은 가깝고도 먼 나라이다. 해방 70년이 지났지만 두 나라
국민 사이의 간극은 점점 벌어지고 있다. 그런데 건널 수 없을 것 같은 현
해탄 사이에 다리가 있었다. 우리나라를 강제로 병합하고 30여 년간 많
은 사람들이 죽고 다치고 유랑하게 한 역사 속에 우리에게 친구가 되어준
일본인들이 있었다.

그들은 침략한 사람들 편에 서지 않고 침략을 당해 핍박을 받는 우리들
을 이해하고 사랑하고 우리들이 갖고 있던 문화와 예술, 민속, 삶의 방식
을 배우려고 했고, 그것들을 지켜주려 했다. 그들은 일제 통치라는 어두
운 시대에 일본인에 대한 원망이 앞을 가릴 때 일본인이 친구도 될 수 있
음을 헌신적으로 보여주었다. 그런 사람들이 여러 방면에 많이 있었다.
여기 아사카와 형제와 소다 부부는 그들 가운데 하나다.

이어령 초대 문화부 장관은 이동식이 지은 『친구가 된 일본인들, 나문
사, 2017』 추천사에서 "21세기는 이미 한 사람의 체온으로 살아갈 수 없
다. 우리도 일본도 점점 작아지려는 마음을 떨치고 서로의 마음과 지혜를
합쳐야 할 때이다. 원망과 증오로는 미래가 없다. 미움 대신 사랑으로 진
정한 이웃이 되자"라고 강조하고 있다.

참고문헌

공병호, 『이름 없이 빛도 없이:미국선교사들이 이 땅에 남긴 것』, 공병호연구소, 2018.

이동식, 『친구가 된 일본인』, 나눔사, 2017.

이희용, 『세계시민교과서』, 라의눈출판그룹, 2018.

전택부, 『이 땅에 묻히리라:양화진 외인열전』, 홍성사, 1986.

패트릭 제임스 맥그린치

Patrick James Mcglinch, 임피제

세종로국정포럼 사인미디어위원장, (주)광현이에스아이 대표 김철중

아일랜드인에서
제주인으로

제주도에서 오병이어五餠二魚의 기적(예수가 한 소년으로부터 빵 다섯 개와 물고기 두 마리를 받아 5천 명의 군중을 먹인 것)으로 잘 알려진 임피제 신부님은 1973년 명예제주도민으로 자격을 부여받아 자신의 영어 이름 이니셜MPJ로 만든 한국이름이다.

그는 1928년 목축의 나라 남아일랜드의 레터켄에서 본명인 패트릭 제임스 맥그린치Patrick James McGlinchey로 9남매 중 다섯째로 태어났다. 그

의 아버지는 인정 많은 수의사였고, 신앙
심이 깊었던 부모님의 영향을 받아 독실한
신앙생활을 하며 자랐다. 기도하는 분위기
속에서 자란 소년이 고교 졸업 후 선택한
삶은 성 골롬반 외방선교회였다.

1951년 12월, 7년 동안 공부한 후 교회가
가라고 한 곳은 전쟁의 와중에 있는 땅 한
국이었다. 순종의 신부는 전쟁 중인 나라
에 들어오기 위해 많은 시간을 보냈다. 1953년 도착한 피난지 부산에서
목포, 순천의 보좌신부를 거쳐 발령 난 곳이 제주도였다. 당시 제주도에
는 중앙성당, 서귀포성당 두 곳밖에 없었다.

청년사제가 발을 들여놓은 제주시 서부지역의 금악리는 허허벌판, 돌
밭의 광야였다. 게다가 사람들은 제주 4·3의 울음을 소리 죽여 껴안고 있
었다. 그가 부임한 25살부터 2018년 4월 23일 제주에서 잠들 때까지 64년
동안 제주 근대화·경제발전에 이바지한 그의 업적은 무엇이고 타국에서
품은 그의 신념은 어떠했는지 알아본다.(양영철의 『제주한림이시돌 맥그린치 신
부』, 네이버 블로거 김학천의 제주도/기독문화유산답사기, 연합뉴스, "사진으로 본 '푸른
눈의 돼지 신부' 64년 제주 사랑" 등을 요약하였음을 밝혀 둔다.)

척박한 제주 땅을
기적의 땅으로 만들다

그는 한림공소에 부임하자마자 우선 성당을 세우기로 마음먹었다. 하지만 자금이 턱없이 부족했다. 자금을 구해보겠다고 사방팔방을 손발로 뛰어 어렵사리 자금과 공간이 확보되었지만 척박하고 가난한 땅에는 성당을 지을만한 자재를 구하지 못해 또 한차례의 좌절 속에서 기도로 응답을 기다리고 있었다.

이때를 회상하며 임피제 신부는 기적이라는 글자만이 떠오른다 했다. 자재가 없어 공사를 진행하지 못하는 상황에서 목재를 가득 실은 미군 물자 수송선 산 마테오San Mateo(9천 톤)호가 한림읍 용운동 해안에 좌초했고, 신자도 아닌 주민 수백 명의 도움을 받아 무사히 필요한 목재들을 공사 현장으로 옮겨다 성당을 지을 수 있었다. 목재 외의 다른 자재들은 우연히 미군 군종 신부가 모금해 준 돈으로 마련했다.

1955년 7월 성당 공사를 마무리하고 성당 건립 과정에서 도민들의 마음 씀씀이에 감동한 그는 그들이 경제적으로 자립할 수 있도록 돕고 싶었다. 목축업이 발달한 아일랜드 출신인 그는 양돈업을 떠올렸다. 당시 제주에서는 흑돼지를 변소에 키우다 보니 제대로 양돈을 하지 못하던 때였다. 지역개발의 조련사로서 혜성처럼 등장한 그의 일화다.

그는 우선 개발을 주도하는 주민들을 일깨우기 시작한다. 물론 어려웠다. 주민들은 삶의 고단과 고난에 찌들어 있었고, 스스로 나서기보다 그저 저승의 조상에게만 기댔다. 땡전 한 푼 손에 쥐지 않은 처지일지라도

'조상의 묫자리가 좋지 않다'고 하면 빚을 내서라도 옮겼다. 4~5일 굿판을 벌이는 것도 일쑤였다. 무엇을 하려고 해도 막상 시작하려 하면 '안된다' 식의 마이동풍馬耳東風이었다.

하지만 그는 점차적으로 선진기술을 공부하며, 젊은 신자들에게 기술을 교육시키고, 가능한 지식인들을 끌어들여 교육을 중요시 여겼다. 1957년 그는 성당에 나오는 청소년 25명을 대상으로 4-H 클럽을 조직했다. 4-H 운동의 전개와 함께 1961년에는 본격적인 목축업을 시작하였다. 한림읍 금악리 정물오름의 1만여 ㎡를 성이시돌목장으로 개간해 돼지들을 사육하기 시작한 것이다. 바다 건너온 요크셔 암돼지 한 마리는 어느새 1만 3천여 마리로 불어났고, 성이시돌목장은 국내 최대의 양돈 목장으로 성장했고 제주축산업의 기틀을 마련했다. 육지에서 닭, 토끼, 개량돼지를 들여와 사육하다가 무이자로 가축을 빌려주는 가축은행을 만들어 운영을 확대했다. '돼지 신부'라는 별명은 이때 생겼다. 농민들에게 사료를 저렴하게 공급할 수 있도록 1964년 사료공장도 가동했다.

뿐만 아니라 목장 사업을 기반으로 1천300여 명의 여성을 고용하는 한림수직도 1959년 설립했다. 1950년대 말 가난한 집의 한 소녀 신자가 돈을 벌러 부산에 갔다가 사고로 숨진 일을 겪은 뒤 이런 비극이 재발하지 않게 하기 위해서였다.

한림수직에서는 도내 여성들에게 일자리 창출을 일으키고 직조 기술을 발달시켜서 양털로 다양한 제품이 생산되어 대표 호텔뿐 아니라 전국 각지에서 주문이 들어와 호황을 누리기도 했다.

맥그린치 신부의 열정과 도민과 합심해 만들어낸 성과는 당시 정부도 움직이게 했다. 겨울에 목초 생산을 하지 못하여 목초 산업이 발목을 잡고 있을 무렵, 임피제 신부는 자신의 고향인 아일랜드에서는 한겨울에도 목초가 잘 자랐다는 것을 회상하며 직접 전문가를 초빙해 한국에서는 처음으로 1년 내내 목초 수확이 가능토록 개발했다. 이로 인해 1973년 2월 박정희 대통령이 이시돌 목장을 찾아 목장 구석구석을 살핀 뒤 농장의 숙원 과제였던 도로와 전기, 전화 설치를 지시했고, 정부의 전폭적인 지원을 토대로 이시돌 목장은 급격히 성장해 나갔다.

또한 사채, 이자에 허덕이는 가난한 도민들이 자살한다는 소식을 접하고 안정적으로 돈을 맡기거나 빌릴 수 있어야 농축산업도 발전할 수 있을 것으로 생각하고 가난한 이들을 위한 은행을 생각하며 신용협동조합을 1962년 제주도 최초이자 농촌 지역 1호, 전국에서도 7번째로 탄생시켰다.

수십 년 동안 제주도민들의 '먹고사는 문제'에 집중해왔던 맥그린치 신부는 2000년대에 들어서면서 물질적으로 풍요로워진 제주 사회가 돌봐야 할 '가난'의 형태 가운데 '죽음'에 주목했다. 그는 죽음을 앞둔 가난한 병자들이 사회적 무관심과 지원 부족으로 비참한 임종을 겪게 되는 것을 일종의 차별로 여겼다. 이에 마지막 사업을 호스피스 병원으로 정하고 2002년 3월 성이시돌 병원을 호스피스 중심의 성이시돌 복지의원으로 재개원했다.

호스피스란 죽음이 임박한 환자들을 대상으로 불필요한 연명 치료보다는 고통을 덜어주기 위한 보호를 중심으로 심리적 안정을 돕는 것을 말한다. 성이시돌 복지의원은 후원회원들의 도움과 이시돌농촌사업개발협회 지원으로 전액 무료로 운영되고 있다.

돼지 신부의 신념
"물고기를 주지 말고
물고기 잡는 법을 알려주라"

"생존과 삶은 결코 세속적인 것이 아님을 인식하고, 먹고사는 문제를 해결하기 위한 노력이야말로 그 어떤 것보다 성스러운 것 일 수도 있다."라는 도움보다는 자립하는 방법을, 말보다는 실천으로, 일생을 제주도와 하느님께 헌신했던 임피제 신부의 지혜와 추진력이 존경스럽다.

바람직한 지역개발_성실, 협동, 환원

맥그리치신부는 지역개발의 원칙을 이미 당시부터 꿰뚫고 있었다. 이렇게 제주 지역 주민, 특히 한림읍 주민들이 스스로 한림읍 내의 자원을 갖고 개발에 나섰기에 개발이익은 자연히 지역과 지역주민에게 환원될 수밖에 없다. 가장 바람직한 지역개발 모습이다. 마을 중심에서 정책과 계획을 세워서 큰 규모가 아니고 자연 마을처럼 아름답게 살리고 옛날 집, 옛날 말, 노래, 춤, 특성을 다 살리는 것이 좋은 지역개발이다.

사람에 대한 배려와 사랑 그리고 헌신

사랑은 지구 반대편의 젊은 사제를 낯설고 물이 다른 섬으로 보냈고 이웃사랑의 꽃을 피우게 했다. 임종 전까지도 마지막 사업으로 호스피스복지의원의 설립과 안정화를 강조했다. "여유 있는 분들이나, 아무리 가난하게 살았더라도 숨질 때만큼은 일생에서 가장 편하게, 그리고 존엄하게 숨질 권리가 있기에 이 호스피스 병동을 운영하게 됐다."라고 말하며 "자신의 기념식이 아니라 호스피스 병동이 잘 유지되게 후원을 늘려달라"고 유언을 남겼다고 할 정도로 사람에 대한 사랑과 존중, 따뜻함이 묻어났다.

십시일반으로의 기적

열 사람이 자기 밥그릇의 밥을 각각 한 숟가락씩 떠서 모으면 한 사람의 먹을 식량이 된다는 십시일반으로 기적을 이루었다.

"돌이켜 보면, 지금까지 이루어진 모든 일들은 지역주민, 공무원, 군인, 골롬반 수녀 등 너무나 많은 여러분들이 협력하여 이루어 낸 것이다. 지금은 제가 나이가 들어 여러분에게 걸림돌이 되어 있을 뿐이다. 여러분을 정말 잊지 않겠다. 잊을 수도 없다. 감사하다."

그의 나지막한 인사에 청중들은 숙연했다.

참고문헌

양영철, 『제주한림이시돌 맥그린치 신부』, 박영사, 2016.

「김학천의 제주도/기독문화유산답사기」『네이버 블로그』, 2018. 11. 21.

「사진으로 본 '푸른 눈의 돼지 신부' 64년 제주 사랑」『연합뉴스』, 2018. 4. 26.

마리안느와
마가렛

Marianne&Margaritha

치유명상봉사자 인사혁신처 서기관 류한영

서방에서 살포시 왔다가 살며시 떠난 성인, 고지선과 백수선

성인이란?

예수, 석가모니, 공자, 소크라테스를 소위 4대 성인이라 칭한
다. 이들은 우리의 인식을 바꾸어 놓았거나, 지평을 확장함으로써 삶을
풍요롭고 행복하게 해주었다. 이들은 사랑, 자비, 인 등 사람에 대한 더

나아가서는, 존재에 대한 존경과 애정을 가르침의 기본으로 삼았다. 이러한 존재에 대한 사랑과 인식의 확장이라는 관점에서 세상을 보면 우리의 주변에서 수많은 성인들을 발견할 수 있다. 지금부터 한센병 환자에 대한 사랑의 실천으로 우리의 인식을 바꾸어 놓은 서방에서 온 성인을 소개하고자 한다.

있는 곳에서 없는 곳으로 흐르는 사랑

존재에 대한, 아니 범위를 좁혀서 사람에 대한 사랑은 어디서 와서 어디로 흘러가는 것일까? 물처럼 높은 산에서 자기보다 낮은 산으로, 들로, 강으로, 바다로 흐르는 것일까? 그런데 잠시만 생각해보면 사랑이 가진 사람들은 부를 이룬 자, 권력을 가진 자 등 소위 힘이 있는 자들이라고 특정되지 않는다.

우리 주변에서 훈훈한 미담을 전해주는 사랑은 폐지를 주워 모은 돈을 기부하는 사람, 김밥 장사를 해서 평생 번 돈을 대학에 기부하는 사람들의 이야기이다. 이런 사람들은 주변에 가깝게 지내는 따뜻한 이웃들이다.

이런 이야기들은 듣고 있으면 사랑은 그 자체로서 있는 곳에서 없는 곳으로 자연스럽게 흐르는 것임을 알게 된다.

한센병* 환자에 다가온 백의의 천사
마리안느와 마가렛

마리안느Marianne Stöger는 1934에 오스트리아에서 출생하였고 마가렛Margaritha Pissarek은 1935년에 폴란드에서 출생하였다. 이 두 사람은 오스트리아에서 인스부룩 간호학교를 졸업(1955년) 후 소록도에 간호사가 필요하다는 소식에 20대 후반, 소록도에 들어왔다.

마리안느의 한국이름은 고지선, 애칭은 큰 할매로 천주교 그리스도 왕 시녀회 소속(54년 입회)으로 62년에 종신 서원하고 그때부터 소록도에서 영아원 운영을 시작하여 43년간(1962년 ~ 2005년) 봉사하였다. 마가렛

---

* 나병(癩病, Leprosy 레프러시[ˈleprəsi][*]) 또는 한센병Hansen's Disease: HD은 미코박테리아의 일종인 나균Mycobacterium Leprae과 나종균Mycobacterium Lepromatosis에 의해 발생하는 만성 감염병이다. 처음 감염되었을 때는 아무 증상이 없고, 이 잠복기는 짧으면 5년, 길면 20년가량 지속된다. 증상이 발현하면 신경계, 기도, 피부, 눈에 육아종이 발생한다. 이렇게 되면 통각 능력을 상실하고, 그 결과 자신도 모르는 사이 신체 말단의 부상 또는 감염이 반복되어 썩어 문드러지거나 떨어져 나가서 해당 부위를 상실하게 된다. 체력의 약화와 시력의 악화 또한 나타난다.(출처: 『위키백과』)

은 폴란드 출생의 오스트리아인으
로서 애칭은 작은 할매, 한국이름
은 백수선 역시 천주교 그리스도
왕 시녀회 소속으로 54년 종신 서
원하고 1966년부터 소록도에서 39
년간 봉사(1966년 ~ 2005년)하였다.

출처: 고흥군청 홈페이지

소록도에 수용된
한센병 환자들의 수난

　　1915년 2월 조선총독부령으로 소록도에 한센병 환자 수용을 위
한 소록도자혜의원이 설립되고 광복 후 1949년에는 중앙나요양소로 확
대 개편되었고, 1951년 갱생원, 1960년 12월에 현재의 국립소록도병원으
로 명칭으로 변경되어 현재에 이르고 있다. 연혁에 알 수 있듯이 명칭의
변경은 한센병에 대한 국민 및 국가의 인식을 대변하는 것으로 볼 수 있
다. 일제 강점기에는 벽돌 제작, 군수물자 생산 등에 강제 동원되는 등 수
난을 당했고, 1945년에는 환자들과 직원 간의 충돌로 한센병 환자 84명
이 사살 당했다.
　　사실 한센병은 한센균 감염으로 발병하는 병을 이르는 것으로 예

방도 치료도 가능하다. 하지만 의학지식이 부족했던 일제강점기 및 1950~1960년대에는 지독한 전염병으로 여겨졌다. 왜냐하면 한번 균에 감염되기 시작하면 피부가 괴사돼 외모가 바뀌었기 때문이다. 이로 인하여 비한센병인들은 한센병 환자들에 극심한 멸시와 조롱의 시선을 보냈다. 따라서 소록도에 이들을 수용한 건 치료를 빙자한 차별의 제도화였고. 환자들을 외부와 격리시키었다. 또한 병의 유전을 막는다는 미명하에 강제 단종수술을 하는 만행을 자행했다.

마리안느와 마가렛의 만남과 사랑이 필요한 곳으로의 한국행

마리안느와 마가렛은 어린 시절에 전쟁이 주는 생활의 피해를 직접적으로 겪었고 오스트리아 인스부르크 간호학교의 동창생이다. 1952년 각각 열여덟, 열일곱의 나이로 입학한 두 사람은 같은 기숙사에서 생활하며 가까워졌다. 두 사람은 같은 공간에서 생활하면서 서로의 꿈을 공유하였다. 병들고 힘든 자들을 위해 그 자신들의 사랑을 쏟고 평생 그들을 봉사하겠다는 꿈이었다. 수업시간에 6·25 한국전쟁과 그로 인해 폐허가 되었던 대한민국에 대해서도 들었다. 그리고 졸업 후에 두 사람은

6·25 한국전쟁으로 황폐화 된 나라, 대한민국의 한센병 환자 마을인 소록도 등에 간호사가 많이 부족하여 그들이 필요하다는 소식을 접했다. 1962년 마리안느가 먼저 전라남도 고흥군의 소록도를 찾았다. 4년 후에는 마가렛도 뒤를 이어 소록도에 도착했다. 처음에는 5년 정도만 돕는다는 계획이었다.

작은 사슴의 섬
소록도 생활

그들이 도착한 전라남도 고흥군 도양읍 소록리의 작은 사슴의 섬, 소록도는 많은 것들이 부족하였다. 많은 한센병 환자들이 따뜻한 남쪽을 찾아 도착한 곳이 소록도였다. 그 당시에는 한센병에 대한 인식이 많은 부분 왜곡 및 과장되어 의사들조차 접촉을 피하느라 꼬챙이로 환부를 툭툭 치던 시절이었다.

그러나 20대의 앳된 간호사 마리안느와 마가렛은 맨손으로 환자의 살을 만지고 함께 밥을 먹었다. 한 완치 환자는 그 당시의 두 천사를 회상하면서 "가족조차 부끄러워하는 내 등을 두 분이 사랑으로 어루만져 주었다."라고 했다. 두 사람은 매일 새벽이면 병실마다 방문해 따뜻한 우유를 나눠주고 환자를 점검했다. 환자들의 생일이면 자신들이 사는 기숙사에 초대해 직접 구운 빵을 대접했다.

당시에 대한민국의 경제 상황은 대단히 어려운 시절이었기에 소록도의 한센병 환자들에 대한 정부의 지원은 늘 부족한 상태였다. 한센병 환자들을 위한 시설 확충을 위해 마리안느와 마가렛은 편지 또는 방문을 통하여 오스트리아의 지인 및 봉사단체에 도움을 요청하였다. 이렇게 모금된 후원금으로 허름한 창고를 고쳐 미감아(한센병 환자의 자녀를 '아직 감염되지 않은 아이'로 부르는 차별적 표현)들을 돌보는 영아원을 만들었다. 더불어 한센병 환자들을 위한 결핵병동과 정신병동, 목욕탕을 지었다.

청빈, 순명, 정결을 서약한
삶의 시작

대다수의 보통 사람들은 마리안느와 마가렛을 천주교에 소속된 수녀로 알고 있는 경우가 많이 있다. 그러나 그녀들은 천주교 그리스도 왕 시녀회 소속으로 1954년에 청빈 순명 정결을 서약한 수녀원 밖에 머무르는 '재속회' 소속의 평신도이다. 그녀들은 죽은 환자들의 옷을 수선해 입는 검소한 일생을 살았다. 그럼에도 이들은 그저 "해야 할 일을 했을 뿐"이라며 하염없이 자신을 낮추고 있다. 아마도 이러한 청빈한 삶과 헌신적인 봉사정신 때문에 수녀로 불린 것일 수 있다.

사랑이 피어나는
소록도

한센병은 어린 나이에 발병하는 경우가 많은 질병이다. 따라서 한센병 환자들 사이에 태어난 아이들은 감염을 막기 위하여 부모와 격리하여 키울 필요가 있었다. 간호사인 마리안느는 이 아이들을 부모 대신 양육하는 일부터 시작하였다. 처음에는 부모들이 신뢰하지 않아 아이들을 맡기지 않았으나, 마리안느가 아이들을 정성껏 돌보는 것을 보고 느끼면서 맡기는 부모들이 점점 늘어나고 고맙게 생각하게 되었다. 부모와 아이들이 서로 먼 발치에서 떨어져 바라보는 방식으로 만나는 안타까운 장면이 연출되었지만 많은 아이들은 마리안느와 마가렛의 사랑 속에서 잘 자라났다.

또한 감염에 대한 두려움과 한센인에 대한 사회적 편견 때문에 사회와 엄격히 격리되어야 했다. 그렇기에 한센병 환자들에게 필요한 것은 치료와 함께 그들을 보통 사람으로 대해주고 이해해주는 사랑이었다. 마리안느와 마가렛은 사랑을 전해주는 그 역할을 충실하게 수행하였다. 그녀들은 새벽부터 우유를 끓여 병실을 돌아다니며 환자들을 대접하고 만나는 일로 하루를 시작하였다. 그 당시에는 모든 사람들이 어려웠기에 마을에서도 사람들이 먹을 것을 구하러 오곤 하였다. 그들에게도 우유 한 잔과 영양제를 깍듯하게 챙겼다. 한센병 환자들의 치료를 위해 투약하는 것은 물론 증상을 확인하기 위해 진물 나는 신체 부위에 코를 대고 냄새를 맡고 장갑도 끼지 않은 손으로 약을 바르고 자신의 무릎에 환자의 다리를 얹어놓고 고름을 짜내고 약을 바르고 굳은살을 깎아내었다. 또한 집으로 초대하여 직원이나 환자들 생일 등을 챙겨 스스로 구운 케이크나 음식을 대접하였다. 환자들의 마음을 넘어서 영혼까지 치료하는 사랑의 실천이었다. 이에 감동한 많은 한국 사람들도 함께 동참하였다. 완치되어 소록도를 떠나는 사람들에게는 정착금을 주어 재활할 수 있도록 힘써주었다. 이 모든 비용은 고국에 있는 지인들과 오스트리아 가톨릭 부인회 등에 도움을 요청하여 충당하였다.

일상의 사랑으로 다가온 천사
김연준 프란치스코의 이야기

『하루는 제가 너무 힘들어서 아침 미사 끝나고 마리안느, 마가렛이 계시는 M 치료실로 갔어요. 그때 저는 그냥 수녀님이라 불렀어요. 그래서 "수녀님, 차 한 잔 주세요. 힘들어 죽겠어요."하고 어머니한테 어리광 부리듯이 의자에 앉으면서 말했어요. 그때 마가렛이 저한테 한마디 하시는 거예요. "신부님, 예수님은 제자들 발을 닦아드렸어요. 그것이면 돼요." 그 말을 듣는 순간 제 가슴이 멍~해지는 거예요. 순간적으로 '아, 내가 교만해져서 스스로 힘들게 만들었구나! 내가 겸손만 하면 아무것도 아닌데…' 그러니까 '제가 처음 소록도에 왔을 때 종의 정신, 내가 이분들을 섬겨야겠다는 마음만 간직하면 다 해결됩니다, 신부님' - 그렇게 이해가 되는거예요. 생각해 보니까 내가 스스로 이끌려고 했고, 내 식대로 하려했고, 내 뜻대로 안되니까 힘들었던 거예요. 결국 '신부님, 신부님은 교만해져서 그런 거예요'라는 말인데 정말로 그분의 표현으로 겸손하게 아주 에둘러서 따뜻하게 상처받지 않고 제 문제의 핵심을 찔러 준거예요.』

출처: (사)마리안느와 마가렛

소리 없이 떠나간 소록도의
두 성인

서방에서 온 마리안느와 마가렛은 소록도 한센인들에게 살아 있는 성인이었다. 1960년대 전 세계에서 GNP가 가장 낮은 나라 대한민국의 작은 섬에서 월급도, 연금도 받지 않고 환자들을 위해 헌신을 시작했고 무려 40년을 한센인들과 동고동락을 해오던 어느 날 편지 한 장을 놓아두고 우리 곁을 떠나 그녀들의 고국으로 돌아갔다.

『사랑하는 친구·은인들에게 이 편지 쓰는 것은 저에게 아주 어렵게 썼습니다. 한편은 사랑의 편지이지만 한편은 헤어지는 섭섭함이 있습니다. 우리가 떠나는 것에 대해 설명을 충분히 한다고 해도 헤어지는 아픔은 그대로 남아있을 겁니다. 각 사람에게 직접 찾아뵙고 인사를 드려야 되겠지만 이 편지로 대신 합니다. 마가렛은 1959년 12월에 한국에 도착했고 마리안느는 1962년 2월에 와서 거의 반세기를 살았습니다. 고향을 떠나 이곳에서 간호로 제일 오랫동안 일하고 살았습니다.(천막을 쳤습니다.) 이제는 저희들이 천막을 접어야 할 때가 왔습니다. 현재 우리는 70이 넘은 나이입니다. 소록도 국립병원 공무원들은(직원) 58-60세 나이에 퇴직을 합니다. 퇴직할 때는 소록도에서 떠나야 되는 것이 정해져있습니다. 우리는 언제까지 일할 수 있는 건강이 허락이 될지 몰라 이곳을 비워주고 다른 곳에 가서 사는 것은 저희들이 뜻이 아닙니다. 그래서 고향으로 떠나기로 결정합니다.』

출처: (사)마리안느와 마가렛

참고문헌

성기영, 『소록도의 마리안느와 마가렛』, 예담, 2017.

한울정신문화원, 『한울 김준원 명상록』, 2001.

「소록도에서 43년간 봉사, 마리안느&마가렛의 숭고한 삶」『고흥군청 홈페이지』.

『사단법인 마리안느와 마가렛 홈페이지』.

『국립소록도병원 홈페이지』.

이민다문화부장관 출현

필자(김원숙)는 2012년 9월 11일 여수엑스포의 성공적 개최를 지원하고 나서 이민행정에 부하된 시대적 소명과 미래에 대해 정리를 해 본 것이다. 이른바 새 정부 탄생에 대비한 정부조직개편서의 일환으로 작성하였다. 다음에서 그 내용을 옮겨본다.

유사 이래로 우리나라를 찾아오신 외국인들과 현재 함께 생활하고 있는 모든 이민자들의 염원을 담아보았다. 이런 형식의 정책제안서는 아마 처음이지 않을까 싶다. 여수세계엑스포 행사를 지원하면서 104개 국가관과 10개 국제기구관 그리고 주제관을 비롯하여 모든 전시관을 찾아 현지인들과의 피부 접촉과 문화행사 참관을 통해 많은 감동을 받았다. 또한 엑스포 현장을 방문한 반기문 유엔사무총장님을 비롯하여 국제기구의 수장, 각국의 외교사절과의 만남과 대화를 통하여 색다른 영감을 받을 수 있었다. 마침 10월 16일 현역 입대를 앞둔 아들 녀석이 신간 서적을 대량으로 구매해 와서 함께 독서를 하게 되어 금년 여름을 한 결 수월하게 보낼 수 있었다. 『십자군이야기』를 비롯하여 『스티브 잡스』, 『별에 스치는 바람』, 『웃음』, 『시민불복종』, 『이슬람문화와 한국』, 『잊혀지지 않는 날들』, 『진주 귀거리 소녀』, 『지성에서 영성으로』, 『힐링 소사이어티』 등이다.

이러한 하절기의 집중적인 독서 덕택으로 소설식 정책제안서를 내게 되었다. 1986년 7월 1일 김포공항에서 이민행정공무원을 시작한 이래 지금에 이르기까지 많은 이민자들을 접하면서, 또한 시민단체와 이민다문화 전문가들과의 교류를 통하여 시대가 부르는 음성을 온몸으로 느끼게 되었다. 150만 국내 이민자의 염원은 바로 700만 재외 동포의 염원의 다름 아닌 것이다. 모두가 지구촌 공동체의 일원으로서 형제자매인 것이다. 진정으로 이들의 꿈과 소망이 이루어질 수 있도록 지원하고 조장하는 것이 오늘날 우리들의 임무라고 생각한다. 아름다움에 있어서 꽃에 비기랴마는 인간미 넘치는 성숙한 다문화 사회의 실현이야말로 현재 우리가 당면한 최대의 과제가 아닌가 싶다.

사람이 꽃보다 아름다워

정부 조직 개편에 따라 신설된 초대 이민다문화부장관에 몽골 출신 귀화자인 정재민 여성 의원이 임명되었다. 한명식 전 국무총리는 만면에 웃음을 띠고 진심으로 축하하였다. 그동안 이민다문화업무를 총괄해 오면서 느끼던 부담감을 덜 수 있게 되었고 다른 한편으로는 적임자가 임명되어 뿌듯한 마음이 들었던 것이다. 외국인정책위원회와 다문화가족정책위원회 위원장으로서 그는 사실상의 이민다문화 총리였던 셈이다. 돌이켜보면, 정부 수립 이후 행정의 키워드는 국방과 경제와 교육에서 노동과 환경과 복지로 그리고 정보와 지식과 여성 인권에서 글로벌과 이민다문화로 변화하였다. 그 가운데서 경제와 교육 그리고 통일 업무는 그 부처 장관이 부총리로 격상되기도 하였으나 역사가 일천한 이민다문화업무는 여러 부처에서 관장하다 보니 사실상 국무총리가 컨트롤 타워 역할을 해 왔다.

정 장관은 대통령으로부터 임명장을 받고 나서 곧바로 양화진 외국인 묘역을 참배하였다. 오랫동안 잠들어 있던 선교사들이 하나같이 일어나 화환을 들고 축하의 말을 하면서 정 장관을 영접하는 것이었다.

"오늘 같은 날이 올 것이라고 기대했지요.", "기다린 보람이 있습니다." "예, 여러분들의 소망을 잘 알고 있습니다. 비록 선교 목적으로 조선이라는 나라를 찾아왔지만, 조선백성의 선한 눈동자를 잊지 못해서 조선인보다 더 조선인을 사랑하여 이 땅을 떠날 수 없어 여기에 묻어달라고 하였다지요.", "이제 모든 것은 정 장관에게 맡기고 우리들은 영면하도록 하겠습니다."

정 장관은 비석 하나하나를 어루만지면서 이 땅에 찾아와 갖은 고난과 고초에도 불구하고 사랑과 문화와 인술을 전파해 주고 간 그들의 넋을 위로하였다. 다음으로 발길을 돌려 국립묘지를 찾아 호국영령에게 헌화를 마치고 이승만 대통령과 합장된 프란체스카 여사와 독립유공자 묘역의 스코필드 박사를 참배하였다.

2013년 2월 26일 오후 2시에 서울프레스센터에서 초대 이민다문화
장관으로 취임한 정재민 장관의 기자회견이 열렸다.
먼저 서울신문의 차배려 기자가 질문하였다.
"우리나라 최초로 신설된 이민다문화부장관으로 취임하게 된 것을
축하드립니다. 업무추진 방향에 대해 말씀해 주시죠."
"감사합니다. 작년 8월 15일 경축사에서 이명박 전 대통령님이 천
명한 바 있듯이 우리 사회에는 이미 150여만 명의 외국인이 우리와
함께 살고 있고, 앞으로 빠르게 늘어날 것입니다. 다문화 시대에 우
리가 미래로 나아가려면 순혈주의를 넘어 다문화 사회의 가치를 적
극 수용해야 합니다. 물론 순혈주의의 폐단은 제거하면서 장점은
발전적으로 살려나갈 것입니다. 무엇보다도 성숙한 다문화 사회가
열리도록 필요한 법적·제도적 장치를 보완하여 나가겠습니다. 이
와 함께 사회적 인식을 바꿔 나가도록 이주민과 국민에 대한 쌍방
향의 사회통합교육을 강화하겠습니다. 또한 세계 도처로부터 다양
한 인재들이 모여들어 마음껏 재능을 발휘할 수 있는 포용적 풍토
를 만들기 위해 관계 부처와 협의하여 사회·경제·문화적 방면의 문
호를 지속적으로 개방하여 나가도록 하겠습니다."

다음은 한겨레신문의 서관용 기자가 질문하였다.

"장관님의 전반적인 업무추진 방향에 대해 깊은 감명을 받았습니다. 하지만 현재 이민다문화행정의 기본이 되는 법령과 제도는 규제와 개방, 차별배제와 다양성 등 서로 상충되는 부분이 있어 정비가 시급하다고 보는데 이에 대한 대책은 무엇인지요."

"잘 지적해 주셨습니다. 현재 재한외국인처우기본법, 다문화가족지원법, 국적법, 재외동포의 출입국과 법적지위에 관한 법률, 난민법(2013년 7월 1일 시행), 외국인고용허가 등에 관한 법률, 북한이탈주민의 보호와 지원에 관한 법률, 해외이주법, 출입국관리법 등 이민다문화행정에 관한 개별 법령이 제정되어 시행되고 있지만, 이들 법령은 그 입법목적이 각기 상이하여 전체적인 통일성이 부족합니다. 또한 헌법과의 법령 체계상의 문제점도 있는 것으로 알고 있습니다. 이민행정법령의 전체적인 통일성을 확보하기 위해 현재 우리부 이민다문화정책국에서 전문가로 구성된 법령검토위원회를 운영하여 가칭 '이민다문화기본법률안'을 만들고 있습니다. 다행히 그동안 법무부와 여성가족부 등 관련행정기관은 물론 국회의원님들을 비롯하여 학계와 시민단체 등에서 이민다문화업무에 관심을 가지고 많은 연구를 해 주셔서 축적된 자료를 충분히 확보하였습니다. 금년 상반기에 공청회 등 필요한 절차를 거쳐 정부안이 확정되면 정기국회에 제출하여 통과되도록 할 예정입니다. 헌법과의 법령 체계상의 문제점도 중장기적으로 면밀히 검토하여 헌법이 개정되는 경우에 이를 반영하도록 할 예정입니다."

다음으로 조선일보의 금조화 기자가 질문하였다.

"참으로 잘 준비된 장관으로 생각됩니다. 조금 전에 장관님께서는 사회적 인식 개선과 관련하여 쌍방향의 사회통합교육을 강화하겠다고 말씀하였는데, 한국의 전통문화와의 조화라든가 일부 시민단체의 반다문화 움직임 등에 대해서는 어떠한 방안을 가지고 있는지요."

"굉장히 어렵고도 중요한 문제라고 생각합니다. 흔히 상품과 자본과 서비스 그리고 사람의 자유이동을 내용으로 하는 세계화는 국가 간의 경계를 없애고 그야말로 지구촌이라는 공동체를 형성하는 데 크게 기여를 하였습니다. 하지만 각 인종과 민족이 가지고 있는 고유한 전통과 문화적 개성을 소홀히 여기는 폐단도 있었습니다. 진정한 다문화 사회는 특정 문화에 대한 우월감이라든가 열등감이 아닌 타문화는 물론 자국 문화에 대한 존중감이 일치되어 조화롭게 공생하는 사회라고 생각합니다. 물론 이러한 사회의 도래는 많은 시간과 노력이 필요하지만, 그렇다고 해서 결코 도달할 수 없는 이상향은 아니라고 봅니다. 한국과 다인종·다민족의 전통과 문화가 서로 공존하여 다양성이 사회 전반의 역동성의 원천이 되도록 정부부처를 비롯한 관계전문가들과 충분히 숙고하여 관련 정책을 마련한 후 인내심을 가지고 슬기롭게 추진하겠습니다. 이러한 입장에서 사회 일부의 반다문화 움직임에 대해서도 대처해 나가도록 하겠습니다."

마지막으로 한국일보의 신문화 기자가 질문하였다.
"이민다문화부장관 취임은 우리나라 문명사에 있어서 신기원을 이룩한 것으로 평가되고 있습니다. 끝으로 우리나라에서 거주하고 있는 이민자를 비롯하여 국민들에게 드리고 싶은 말씀을 해주시기 바랍니다."
"감사합니다. 무엇보다도 오늘 제가 이런 자리에 오를 수 있도록 그동안 성원과 격려를 아끼지 않으셨던 주위 모든 분들을 비롯하여 국민에게 감사를 드립니다. 제가 알기로는 이민자의 꿈과 기회의 나라로 알려진 미국에서도 우리나라 국민이 미국으로 이민이 시작한 지 거의 한 세기만에 김창준 연방의원이 탄생하였습니다. 그러나 한국은 전통적인 이민국가가 아님에도 불구하고 이민자를 받아들인 지 채 30년도 되지 아니하여 국회의원을 비롯하여 사회 여러 분야에서 이민자 리더들이 출현하였습니다. 제 자신도 놀라워하고 있습니다. 그러나 조금만 더 우리나라 역사를 추급해 보면 결코 경이로운 일만은 아니라는 사실을 확인하게 됩니다. 김수로왕의 왕비였던 허황옥을 위시하여 백제 국에 불교를 전래한 마라난타 스님, 고려시대의 수많은 귀화자, 그리고 조선시대에 활동한 서양인 신부와 선교사들에 이르기까지 각자가 지니고 온 꿈은 달랐지만 그들이 이 땅위에 삶으로 해서 한국의 문화를 풍성하게 하였습니다.

그 분들의 깊은 은혜 속에 오늘날 제가 있음을 인식하고 있습니다. 제 자신 20여 년 전 결혼이민자로서 한국에 왔습니다만, 결혼이민자를 비롯하여 유학생, 근로자 등 모든 이민자들도 한국에서 소망하신 꿈들이 이룩될 수 있도록 제도와 환경을 개선하도록 노력하겠습니다. 끝으로 저에게 이러한 기회를 주신 한국사회와 국민들에게 다시 한번 감사의 말씀을 드립니다."

기자회견을 마치고 세종로 사무실로 돌아오니 반기문 유엔사무총장으로부터 전화가 왔다.
"한국의 초대 이민다문화부장관 취임을 진심으로 축하드립니다. 장관님께서는 그동안 친절과 겸손과 포용의 마음으로 주변에 많은 인덕을 베풀었고 또 학구열도 높아 한국역사와 문화에 대한 식견이 탁월한 것으로 알고 있습니다. 이러한 장관님께서 한국의 이민다문화행정의 기틀을 잘 마련하실 것으로 생각합니다. 우리나라는 그동안 유엔기구로부터 인종차별의 해소 등 여러 가지 권고를 받은 바 있습니다만 장관님의 취임으로 모든 부분이 국제기준에 맞도록 발전될 것으로 기대합니다. 다시 한번 초대 이민다문화장관취임을 축하드립니다."
"총장님께서 이렇게 깊은 관심을 표명해 주시고 격려해 주신 데 대하여 감사드립니다. 총장님의 기대에 부응하도록 배전의 노력을 아끼지 않겠습니다. 정말 감사합니다."

통화를 마친 정 장관은 그동안 정부에서 추진해 왔던 주요 정책 자료를 검토하기 시작하였다. 눈에 띄는 문서가 있었다. 2008년도부터 매년 5월 20일 개최되는 세계인의 날 행사에 관한 자료였다. 정 장관도 매년 행사에 참석해 왔지만 국무총리가 낭독하는 기념사는 의례적이고 선언적인 것으로만 여겨왔던 것이다. 이민다문화행정 전문가가 국내외적으로 많음에도 불구하고 왜 자신이 초대 장관으로 취임하게 되었는지 마음 한 구석에 의문이 남아 있었는데 2009년도에 개최된 제2회 세계인의 날 기념사에서 그 해답을 찾게 된 것이다. 다만, 그 시기가 먼 훗날에서 현재로 앞당겨졌을 뿐인 것이다. 다음은 당시 한승수 국무총리가 낭독한 기념사의 일부다.

존경하는 국민 여러분, 재한외국인 여러분! ... 제2회 세계인의 날을 진심으로 축하합니다. 지난해에 이어 두 번째를 맞은 세계인의 날은 우리 국민과 재한외국인이 한데 어우러지는 소통과 화합의 한마당입니다. ... 지금 세계인들은 하나의 마을처럼 된 지구촌에서 생활하고 있습니다. 우리나라에도 전 세계 2백여 개 나라에서 온 1백 20만 명의 외국인이 살고 있습니다. 그 숫자는 날이 갈수록 더욱 늘어날 것이고, 활동하는 분야도 더욱 다양해질 것입니다. ... 재한외국인 여러분, 많은 사람들은 쉽게 외국인으로 부르지만 여러분은 더 이상 남이 아닙니다. 여러분은 우리 사회의 소중한 구성원입니다. 우리 국민과 함께 희망찬 내일을 열어가는 한 형제이자 가족, 친척이라고 생각합니다. … 대한민국 정부는 외국인 여러분과 우리 국민이 하나가 되어 살아가는 따뜻한 사회를 만들기 위해 온 힘을 기울이고 있습니다. 지난 2007년 아시아에서는 처음으로 '외국인 처우에 관한 기본법'을 제정했습니다. 또 '다문화가족 지원법'을 비롯한 많은 법령과 제도를 꾸준히 개선해 왔습니다. 특히 작년 12월에는 우리 역사상 처음으로 '외국인정책 기본계획'도 수립하였습니다. … 앞으로 이러한 정책을 바탕으로 우리 국민과 재한외국인이 더불어 살아가는 아름다운 공동체를 만들어 나가겠습니다. 미국 오바마 대통령의 예에서 보듯이 훗날 이민자나 재한 외국인 가운데 대한민국의 우수한 고위 공무원이나 장관, 총리가 나오지 말란 법이 없다고 믿습니다. 우리 사회의 발전을 위해 일할 훌륭한 기업가, 교육자, 과학자 등 모든 분야에서 활동할 사람들이 많이 배출될 것으로 확신합니다. 이런 점에서 여러분도 대한민국의 당당한 구성원으로서 자긍심을 가지고 소중한 꿈을 이루어 나가기를 바랍니다. 국민 여러분, 그리고 재한외국인 여러분, 21세기 국제화 시대에는 문화의 다양성이 경쟁력이자 국가 발전의 동력입니다. 이런 의미에서 세계 각국, 다양한 문화권에서 온 재한외국인들은 우리의 소중한 자산입니다. … 하지만 아직도 많이 부족합니다. 우리나라가 외국인들에게 정이 넘치는 따뜻한 나라, 믿음직한 이웃의 나라가 될 수 있도록 더욱 힘써 나가야 하겠습니다. 정부도 성숙한 세계국가를 국정지표의 하나로 삼아 이의 실현을 위해 최선을 다하고 있습니다. 대한민국을 세계인들의 존경과 사랑을 받는 품격 있고 국격 높은 나라로 만들어 나가자는 것입니다. 우리 국민과 정부, 그리고 재한외국인이 한마음이 되어 노력해 나간다면 대한민국은 세계와 호흡하는 글로벌 코리아로 더욱 발전해 갈 것으로 믿습니다. ... 다시 한번 세계인의 날을 축하하며, 여러분과 여러분 가정에 항상 건강과 행복이 가득하시기를 기원합니다. 감사합니다. – 2009년 5월 20일 국무총리 한승수

다음으로 정 장관은 김원숙 여수출입국관리사무소장이 정리한 "우리나라 이민정책의 역사적 전개에 관한 고찰"을 다시 한번 음미해 보았다. 김 소장은 1948년 대한민국 정부 수립 이후 이민정책의 흐름을 다음과 같이 요약정리하고 있다.

21세기 국제사회에서 우리나라는 밖으로는 인류평화와 빈곤 퇴치에 크게 기여하고, 안으로는 어느 민족과도 더불어 살 수 있는 명실 상부한 다문화 사회를 실현할 수 있는 중요한 역사적 시점에 있다고 생각한다. 우리나라는 식민지 경영이나 지역패권 야욕을 부린 전력이 없고, 오히려 식민지 지배, 전쟁과 분단을 겪으면서도 경제개발과 민주화에 성공한 경험이 있어 어느 나라든 대한민국을 신뢰·동반할 수 있는 친구로 자리매김하고 있기 때문이다. 이러한 시

대적 배경과 이민정책이 갖는 문명사적 의의 등을 감안하여 우리나라의 이민정책을 건국 이후 현행 정부에 이르기까지 살펴보면서 다음과 같은 이민다문화행정의 추진 방향성을 도출하고 있다. 먼저, 우리나라의 출입국관리는 국민의 생존에 관한 문제로서 출입국관리의 기본방향은 외국인의 입국 억제와 환영 유치의 조화에 있다고 할 수 있다. 이러한 출입국관리의 기본방향은 제1공화국 시대로부터 국민의 정부시대에 이르기까지 출입국관리 행정의 기저를 이루고 있으며, 출입국관리법 등에도 제도적으로 나타나 있다. … 특히, 참여정부시대는 이민정책의 역사적 전개에 있어서 새로운 전환점이 되었다. 즉, 참여정부의 이민정책은 그동안의 통제와 관리 중심의 정책에서 외국인의 처우개선 및 인권옹호에 중점을 둔 이민통합정책으로 전환하게 되었고, 종합적이고 체계적인 이민정책 추진체계를 구축하였다. 이제 우리나라의 이민정책은 종래의 단순한 질서유지 차원의 출입국관리에서 벗어나 사회의 다양한 문화와 가치를 통합하는 역할과 기능을 갖는 것으로 질적인 전환을 하게 되었다. … 이에 따라 우리나라의 이민통합정책의 기본방향은 다문화를 포용하고 외국인을 배려함으로써 국민과 외국인이 서로 상생하는 열린 다문화 사회를 만들어 가는 데 있다고 하겠다. 다문화 사회가 궁극적으로 지향해야 할 목표는 일상을 살아가는 시민들이 생활 속에서 접하는 다양한 민족적, 문화적 배경의 주체들과 소통하면서 생산적 시너지를 구현해 가는 데 있다. 이를 실현하기 위해서는 이민자를 대상으로 하는 통합정책만이 아닌 일반 시민을 대상으로 하는 문화 간 상호이해 증진 정책 즉 쌍방향 사회통합정책의 수립이 필요하다. ... 또한 이민행정의 기본이념이나 방향에 따라 현행 헌법을 비롯하여 국제인권규범, 재한외국인처우기본법, 국가인권위원회법, 다문화가족지원법, 외국인고용허가 등에 관한 법, 국적법, 재외동포법, 난민법, 출입국관리법 등 국내 이민관계법령을 입법기관과 정부가 체계적으로 정비하는 한편 전문 연구자의 체계적 해석 운용 가이드라인 제시 등을 통해 이민행정의 통일적 수행을 도모하여야 할 것이다. 무엇보다도 제도상으로는 국무총리가 위원장인 외국인정책위원회, 다문화가족정책위원회 등을 이민다문화정책책위원회로 일원화하는 한편 가칭 "이민다문화청"을 신설하여 이민행정의 추진체계를 재정비하여야 할 것이다. 아울러 이민다문화적 입장에서 중국동포를 비롯한 재외동포 문제와 북한이탈주민 문제를 포섭하고 외국인근로자와 불법체류자도 이민통합정책 대상으로 바라볼 때 우리나라는 현재보다도 다양성이 풍부한 문화국가로서 다가오는 새로운 시대의 주역으로 부상될 수 있을 것이다.

2013년 2월 26일 오후 6시 30분에 신라호텔 영빈관에서 한명식 전 국무총리 주재로 초대 이민다문화부장관 취임 환영식이 개최되었다. 세 분의 전직 총리를 비롯하여 전 현직 각료와 의원, 대학총장, 다문화전문가 그리고 다수의 주한외교사절이 참석하여 정재민 장관의 취임을 축하하였다.

바쁜 하루 일정을 마치고 이태원동 자택으로 돌아오니 밤 10시가
넘었다. 침상에 누워 지난날을 생각해 보니 모든 일이 주마등처럼
지나간다. 처녀시절 낮에는 끝없이 펼쳐진 초원에서 말을 타고, 밤
에는 쏟아지는 별을 바라보면서 많은 꿈을 꾸었다. 오늘 밤도 그는
몽골의 드넓은 초원을 달리는 꿈을 상상하면서 조용히 잠들었다.
그때 어디선가 아름다운 선율이 살포시 내려앉았다. 안치환의 '사
람이 꽃보다 아름다워'였다.

강물 같은 노래를 품고 사는 사람은 알게 되지 음 알게 되지
내내 어두웠던 산들이 저녁이 되면 왜 강으로 스미어
꿈을 꾸다 밤이 깊을수록 말없이 서로를 쓰다듬으며
부둥켜안은 채 느긋하게 정들어 가는지를 으음-음―

지독한 외로움에 쩔쩔매본 사람은 알게 되지 음 알게 되지
그 슬픔에 굴하지 않고 비켜서지 않으며
어느 결에 반짝이는 꽃눈을 갖고
우렁우렁 잎들을 키우는 사랑이야말로
짙푸른 숲이 되고 산이 되어 메아리로 남는다는 것을

누가 뭐래도 사람이 꽃보다 아름다워

이 모든 외로움 이겨낸 바로 그 사람

누가 뭐래도 그대는 꽃보다 아름다워

노래의 온기를 품고 사는

바로 그대 바로 당신

바로 우리 우린 참사랑

제4부

연꽃처럼
뿌리내려

펄 사이든스트리커 벅

Pearl Sydenstricker Buck

세종로국정포럼 행복만들기위원장. 행복디자이너 김재은

"왕룽은 이따금 허리를 굽히고는 손으로 흙을 긁어모아 쥐었
다. 그렇게, 한 줌의 흙을 쥐고 있으면 손가락 사이에 생명이 꿈틀
거리는 것 같았다. 그는 그것으로 만족하였고, 흙과 방 안에 놓여
있는 좋은 관에 대해 때때로 생각했다. 다정한 흙은 조금도 서두르
지 않고 그가 흙으로 돌아올 날을 기다리고 있었다."

– '대지' 중에서 –

한국과 한국인을 사랑했던
작가의 일생

펄 벅Pearl S. Buck(1892~1973)은 미국 웨스트버지니아주州 힐스
보로에서 1892년 6월 26일 태어났다. 생후 수개월 만에 선교사인 부모님

을 따라 중국으로 건너가 '진강'이라는 곳
에서 살았다.

 선교 관련 활동에만 열중한 아버지 때문
에 집안일은 어머니가 도맡아야 했지만,
부모의 중국선교활동은 펄 벅이 자신을 중
국 사람으로 생각했었을 정도로 중국에 대
한 애착을 갖게 하였다. 벅은 1910년 대학
교를 다니기 위해 미국으로 갔다가 1914년
랜돌프 매콘여자대학교를 졸업하고 다시 중국으로 돌아갔다.

 1917년 농업경제학자 존 로싱 벅과 결혼하면서 벅이라는 성을 가지게
되었고 난징 대학, 난둥에서 영문학을 강의했다. 1926년 일시 귀국해 코
넬 대학교에서 석사 학위를 취득했지만 결혼 생활은 그리 행복하지 않았
고 이혼했다.

 전 남편과의 사이에 심각한 지적 장애를 가진 딸이 한 명 있었는데, 이
딸은 벅 인생의 가장 큰 아픔이 되었다. 자서전에서 펄 벅은 큰 딸이 자신
을 작가로 만든 동기 중 하나라고 밝혔다.(이 딸은 『대지』에서 왕룽의 딸로 그
려져 있다)

 이 상실감을 극복하기 위해 그녀는 입양을 하게 되었는데, 이런 인연으
로 한국과 중국에서 미군과의 사이에서 태어난 혼혈아들의 입양을 주선
하는 펄 벅 재단을 설립하게 되는 계기가 되었다.

 국공내전의 와중에서 1927년 국민당 정부군의 난징 공격 때 온 가족이
몰살당할 뻔했던 위기를 체험, 피치 못할 균열을 깊이 자각한 일도 그로
하여금 창작활동을 시작하게 한 동기였다. 이 균열은 작품의 바닥에 숨겨

진 테마로 흐르고 있다. 그는 이 균열을, 자기가 미국인이라는 입장에 서서 제2의 조국 중국에 대한 애착을 통해 평생을 두고 어떻게 해서라도 메워 보려고 애썼다.

1930년 중국에서 동·서양 문명의 갈등을 다룬 장편 첫 작품 『동풍 서풍』을 출판하였는데, 출판사의 예상을 뒤엎고 1년이 채 안 되어 3번이나 다시 인쇄해야 할 정도로 인기가 대단하였다.

이어 빈농으로부터 입신하여 대지주가 되는 왕룽을 중심으로 왕룽의 아내 오란과 세 명의 아들들의 역사를 그린 장편 『대지』(1931년)를 출판하여 작가로서의 명성을 남겼다. 대지는 왕룽이 죽은 후 세 아들이 지주, 상인, 군벌로 각자의 삶을 개척하는 모습을 묘사한 『아들들』(1933년), 『분열된 집』(1933년)과 함께 3부작 『대지의 집』으로 완성되었다.

'대지'의 주인공 왕룽에게 땅은 단지 재산이 아니다. 그를 낳아주고 길러주고 고통을 부드럽게 감싸주는 어머니이며, 자신은 물론 자손들의 생명을 이어가게 도와주는 신의 선물이다. 왕룽은 자연과 운명에 맞서 삶을 개척해 대지주가 된다. 세월이 흘러 왕룽이 병석 누워 자식들이 땅을 팔기 위해 의논하는 소리를 듣고 "우리는 땅에서 나왔고, 다시 땅으로 돌아가야 한다. 너희들도 땅만 가지고 있으면 살 수 있다. 아무도 땅을 빼앗아 가지는 못한다."라고 분노한다.

『대지』는 평론가들의 극찬을 받았던 작품으로 1938년에는 미국의 여성 작가로서는 처음으로 노벨 문학상을 수상하게 되어 미국 여성 중 유일하게 퓰리처상과 노벨문학상을 동시에 수상한 최초의 작가가 되는 영광을 안겨주었다.

1934년 이후로 그의 저서들을 출판해 온 J. 데이 출판사의 사장 R. J.

월시와 재혼, 미국에 정착하였다.

제2차 세계 대전 후에도 평화를 위한 집필을 계속하였다. 1973년 3월 6일 폐암으로 사망할 때까지 동서양을 배경으로 80여 편의 작품을 남겼다. 그는 사회사업에도 지대한 관심을 보였다. 펄 벅 재단을 설립하여 전쟁 중 미군으로 인해 아시아 여러 국가에서 태어난 사생아 입양 알선사업을 벌이기도 했다.

한국과의 인연
작품

펄 벅이 처음으로 한국과의 인연을 맺게 된 동기는 제2차 세계 대전으로 미국의 OSS에 중국 담당으로 들어온 것부터였다. 당시 한국 전문으로 오게 된, 아내가 중국계 미국인이었던 유한양행의 창업자 유일한과 중국에 관한 이야기를 나누면서 한국에 대한 호감을 가진 것으로 보인다.

펄 벅 여사는 1960년부터 3년간 한국에 머물며 한국의 수난사를 담은 『살아있는 갈대』(초역당시 제목은 『갈대는 바람에 시달려도』)를 출간했다. 『살아 있는 갈대』는 한미 수교가 이뤄진 1882년부터 1945년 해방 후 미군이 한반도에 진주하기까지 4대에 걸쳐 국권을 되찾으려고 헌신한 안동 김씨

일족의 이야기를 그리고 있다. 한말의 관료 김일한이 주인공이지만 중국에서 항일투쟁을 벌이는 아들 연춘의 활약상이 핵심이다. 제목은 폭력 앞에 굴하지 않는 김연춘의 별명이기도 하다. 펄 벅은 미국과 중국에서 식품기업과 제약회사를 세워 독립운동 자금을 댔던 유한양행 창업주 유일한(1895~1972)에게서 모티프를 얻었다고 한다. 또한 그는 중국에서 지낼 때 한국의 독립운동가들에게서 큰 감화를 받았고, 그 정신적 뿌리를 확인하고자 한국을 찾았다가 소설까지 썼던 것이다. 『살아있는 갈대』란 제목은 불의와 폭력 앞에 꿋꿋한 저항정신을 상징한다. 살아있는 갈대는 살아있는 희망을 의미한다. 인생의 들불이란 재난을 만나 모두 불타 버리려도 흙 속에 박힌 뿌리는 다시 생명을 이어낼 수 있다는 것이다.

"조선인들은 대단히 긍지가 높은 민족이어서 어떤 경우에도 사사로운 복수나 자행할 사람들이 아니었다."라거나 "갈대 하나가 꺾였다 할지라도 그 자리에는 다시 수백 개의 갈대가 무성해질 것 아닙니까? 살아 있는 갈대들이 말입니다"라는 대목에서처럼 소설 곳곳에 한국인을 향한 경의와 애정이 묻어난다. 『살아 있는 갈대』는 1963년 영어와 한국어로 동시 출간돼 베스트셀러에 올랐고 『뉴욕타임스』가 최고의 걸작이라는 찬사를 보냈다.

펄 벅은 한국의 혼혈아를 소재로 한 소설 『새해』(1968년)와 무명의 어머니를 통해서 영원한 모성상을 그린, 아버지의 전기인 『싸우는 천사들』 등을 더 발표했다.

펄 벅은 한국을 칭찬했다. "한국은 고상한 국민이 살고 있는 보석 같은 나라다. 이 나라는 주변의 중국·러시아·일본에는 알려져 있어 그 가치를 인정받고 있으나 서구 사람들에겐 알려지지 않은 나라다."

펄 벅의 한국 사랑은 소설 쓰기에만 그치지 않았다. 1964년 700만 달러를 희사해 미국에서 펄벅재단을 만들고 이듬해 한국을 시작으로 일본 오키나와, 대만, 필리핀, 태국, 베트남에 차례로 지부를 설립해 혼혈 고아들을 보살폈다. 고아들의 입양을 주선하고 자신도 7명을 양자로 받아들였다. 1967년 6월에는 경기도 부천시 심곡동에 보육원(고아원) 소사희망원을 세웠다. 1960년부터 69년까지 8차례 한국을 방문했고, 그때마다 몇 달씩 머물며 아이들을 씻기고 입히고 먹였다. 펄 벅은 이들을 가리켜 "세상에서 가장 가여운 아이들"이라고 표현하면서도 "앞으로 500년 뒤면 모든 인류가 혼혈이 될 것"이라며 글로벌 시대를 예견했다.

펄 벅은 한국에 여러 번 와서 정·재계 관계자 및 문학가들과 친분을 쌓았으며 서울대학교 장왕록 교수와 밀접한 관계를 맺었고, 『대지』 3부작의 초기 번역을 장교수가 맡았다. 장왕록 교수의 딸인 장영희 서강대 교수가 번역한 『갈대는 바람에 시달려도The Living Reed』는 한국을 배경으로 한 소설이다. 이 책의 초판본 표지에는 「아리랑」 가사가 쓰여 있고, 서문에 한국이 '고상한 사람들이 사는 보석 같은 나라'라고 언급하는 등 한국에 대한 애정이 드러나는 소설이다. 이 작품은 영미 언론에서 대지 이후 최고의 걸작으로 평가받았다.

아울러 스스로 박진주(Pearl을 번역한 이름)라는 한국 이름을 지어 쓰기도 하는 등 여러 가지로 미루어 볼 때 한국에 대한 애착이 꽤 컸던 것으로 보인다.

펄 벅은 1920년대 난징대에서 여운형·엄항섭 등 한국 독립운동 가의 자녀를 가르쳤고, 1935년 8월 15일자 중국 신문에 「한국인은 마땅히 자치를 해야 한다韓國人應該自治」는 칼럼을 발표하며 한국인의 항일투쟁을 지원했다.

1941년 미국에서 동서협회를 조직해 유일한·이승만 등을 초청해 강연 하도록 했으며, 자신도 「한국을 알자 – 2500만의 잊힌 친구」란 강연을 했 다. 자신이 편집자인 잡지 『아시아』에 일본의 미국 침공을 예견한 이승만 의 책 『재팬 인사이드 아웃』이 모두 사실이라며 미국인이 읽기를 촉구하 기도 했다. 펄 벅은 '한국인의 밤' 행사를 열어 「아리랑」을 불렀고, 친구인 유명 가수 폴 롭슨을 불러 흑인 영가를 함께 부르도록 했다. 한국인이 연 합국의 카이로 선언을 믿고 가만히 있을 게 아니라 스스로 독립을 쟁취해 야 한다고 주장하기도 하는 등 한국에 대한 놀라운 애정을 보여주었다.

펄 벅은 중국에 있는 동안 대학에서 한국인 유학생들을 처음 만났다. 그들은 대부분 독립운동가의 자제들이었다. 펄 벅은 이들을 통해 한국의 독립운동을 접하면서 깊은 인상을 받았고, '독립운동가들의 고향'이 궁금 했던 펄 벅은 1960년 한국을 찾는다. 그리고 한국의 역사와 문화에 대한 자료를 수집한 그는 독립운동을 소재로 한 장편소설을 구상한다. 이어 2 년간의 집필기간을 거쳐 『살아있는 갈대The Living Reed』를 내놓는다. 소 설은 한말에서 광복까지 나라를 구하기 위해 투쟁한 한 가문의 4대에 걸친 이야기다. '소설로 읽는 한국독립운동사'라고 해도 좋겠다.

펄 벅은 대원군 섭정, 갑신정변, 명성황후 시해사건, 경술국치 등 한말의 역사를 개괄한 뒤 제암리 사건에서 의열단 투쟁, 만주항일투쟁으로 이어지는 독립운동을 유장하게 풀어낸다. 한말의 관료 '김일한'을 주인공으로 내세웠지만, 펄 벅이 정작 말하고 싶었던 것은 김일한의 아들 '연춘'의 독립투쟁이었다. 소설에서 연춘은 중국과 만주 일대를 누비며 '항일투쟁의 전설'로 불린다. 그의 별명은 '살아있는 갈대'. 갈대는 꺾여도 해가 바뀌면 계속 다시 피어난다고 해서 붙여진 이름으로, 불굴의 한민족을 상징한다. 펄 벅은 자서전에서 "독립운동가들의 항일정신이 오늘의 한국을 있게 한 직접적인 원인이 되었다."라고 말하기도 했다.

『살아있는 갈대』는 『대지』와 쌍벽을 이루는 펄 벅의 대표작이다. 앞에서도 언급한 바 있듯이 펄 벅은 이 책의 맨 앞장에 "한국은 고상한 국민이 살고 있는 보석 같은 나라이다"라고 적었다. 소설은 한국의 독립운동가와 항일투쟁에 대한 오마주다. 펄 벅은 독립운동을 통해 한국을 알게 되었고, 한국인의 친구가 되었다.

펄 벅 여사가 1960년에 처음 한국을 방문했을 때의 일이다. 그녀는 우선 여행지를 농촌마을로 정하고 경주를 방문하던 그녀의 눈에 진기한 풍경을 발견했다. 그것은 황혼 무렵, 지게에 볏단을 진 채 소달구지에 볏단을 싣고 가던 농부의 모습이었다.

펄 벅은 "힘들게 지게에 짐을 따로 지고 갈 게 아니라 달구지에 실어버리면 아주 간단할 것이고, 농부도 소달구지에 타고 가면 더욱 편할 것인데" 라고 생각이 들어 농부에게 다가가 물었다.

"왜 소달구지를 타지 않고 힘들게 갑니까?"

그러자 농부가 말했습니다. "에이, 어떻게 타고 갑니까! 저도 하루 종일 일했지만, 소도 하루 종일 일했는데요. 그러니 짐도 나누어서 지고 가야지요."

당시 우리나라에서는 흔히 볼 수 있는 풍경이었지만, 그녀는 고국으로 돌아간 뒤 이 모습을 세상에서 본 가장 아름다운 풍경이었다고 고백하고 있다. "서양의 농부라면 누구나 당연하게 소달구지 위에 짐을 모두 싣고, 자신도 올라타고 편하게 집으로 향했을 것입니다. 하지만 한국의 농부는 소의 짐을 덜어 주고자 자신의 지게에 볏단을 한 짐지고 소와 함께 귀가하는 모습을 보며 전 온몸에 전율이 느껴졌다"라고 말했다.

펄 벅 여사는 따지 않은 감이 달려있는 감나무를 보고는 "따기 힘들어 그냥 두는 거냐"라고 물었다가 "까치밥이라 해서 겨울새들을 위해 남겨

1960년 김포공항으로 방한하는 펄벅여사

출처: 서울시청

둔 것"이라는 설명을 듣고 "바로 이거예요. 내가 한국에서 와서 보고자 했던 것은 고적이나 왕릉이 아니었어요. 이것 하나만으로도 나는 한국에 잘 왔다고 생각해요."라고 탄성을 지르기도 했다.

펄 벅 여사가 감동했듯이 감이나 대추를 따더라도 '까치밥'은 남겨 두는 배려를 하는 민족이 우리 민족이다. 우리 선조들은 씨앗을 심어도 셋을 심었다. 하나는 하늘(새)이, 하나는 땅(벌레)이 나머지는 내가 나눠 먹겠다는 뜻이었다. 이렇듯 씨앗 하나에도 배려하며, 소의 짐마저 덜어 주려는 선조들의 마음과, 그것을 단순히 넘기지 않고 감동으로 받아들인 펄 벅 여사의 시각과 마음이 아쉬운 때, 지금 우리의 삶의 자리를 돌아보게 된다.

살아있는 갈대, 살아있는 희망 작가이자 사회운동가로 어쩌면 우리보다 한국을 더 사랑했던 펄 벅은 작가의 최대 사명은 동서양의 벽을 허물고 인류의 복지사회를 이루는 것이라고 생각했다. 미국에서 태어나 중국에서 자라난 스스로를 '정신적 혼혈아'라고 불렀다. 이러한 작가의 인도주의 정신은 그의 모든 작품에 흐르고 있다. 그는 "내가 심혈을 기울여 만든 모든 작품의 에센스는 이 지상엔 사랑이 없으면 공포가 있을 뿐이라는 말로 요약할 수 있다."라고 말했다.

3·1운동이 인류 보편적 자유와 인도주의 정신을 배경으로 하고 있기에 잘 통하는 대목이다. 또한 그는 다시 그는 장애가 있는 자녀를 가진 세상의 부모에게 이렇게 말했다. "모든 탄생에는 삶의 권리가 있고 행복할 수 있는 권리가 있습니다. 지적장애아든 신체장애아이든 그 아이에 대해 자부심을 가지십시오. 다른 사람의 눈총에 신경 쓰지 말고 머리를 꼿꼿이 쳐들고 당당하게 다니십시오. 그 아이는 당신의 삶에 어떤 형태로든 의미를 부여하므로, 그 아이를 위해, 그 아이와 함께 기쁨을 찾는 것이 당신에게도 큰 위안이 될 것입니다. 언제나 희망을 가지십시오. 희망처럼 좋은 위안은 없습니다."

다문화아동들의 진정한 어머니인 펄 벅의 인종과 국적을 뛰어넘은 사랑과 박애정신은 그녀가 세상을 떠난 지 40여 년이 지난 지금에도 보석 같은 빛을 발하며 '다양성과 인권이 존중되는 아름다운 사회건립'의 가치를 우리의 마음에 잔잔히 전하고 있다.

2006년 소사희망원 자리에 부천펄벅기념관이 세워지고, 해마다 펄 벅의 기일에는 추모식이 열린다. 인기그룹 「함중아와 양키스」의 원년 멤버였던 혼혈가수 정동권은 2017년 3월 4일 44주기 추모식에서 1993년 펄 벅을 추모하여 만든 노래 「연꽃처럼 뿌리내려」를 열창했다.

주한미군 아버지와 한국인 어머니 사이에서 태어난 미국 프로 풋볼 스타 하인스 워드는 2006년 방한한 뒤 펄벅재단과 함께 '하인스 워드–펄벅재단'을 만들어 국내의 다문화가정 자녀들을 돕고 있다.

펄 벅이 한국의 독립운동을 지원한 것도 사회복지사업에 심혈을 기울인 것도 모두 이러한 그의 정신에 바탕을 둔 것이었다. 3·1운동 100년, 그가 여전히 우리 곁에 살아있는 이유이다.

참고문헌

「조운찬의 들숨날숨」 『경향신문』, 2015.11.13.

「이지현의 기독문학기행」 『국민일보』, 2017.3.17.

「박광선칼럼」 『시니어신문』, 2017.7.17.

부천펄벅기념관, 「부천펄벅학술대회–펄벅의 삶과 문학」(자료집), 2018.

거스 히딩크

Guus Hiddink

———— 세종로국정포럼 보험금융위원장 구 발 ————

대한민국 축구의 전설
외국인 축구감독 '거스 히딩크'

21세기 문화혁명, 한·일 2002월드컵

공식 명칭은 '2002 FIFA 월드컵 한·일'이다. 우리는 과거 월드컵 축구대회 본선대회에 참가하는 것을 두고 전 국민의 가슴을 설레었는데, 세계인의 축구 축제인 그 큰 대회를 우리나라에서 개최하고 그것도 준결승까지 올라간 4강의 신화를 창조하였으니 21세기 대한민국의 문화혁명이라 표현하여도 무방하리라 본다.

현재 우리나라에서는 인터넷이라
는 IT 혁명과 세대와 세대 간의 차이
라는 두 개의 축으로 형성된 문화혁
명히 강하게 밀려오고 있다. IT 혁
명은 기존의 생활환경을 급속도로
바꿔놓았고 이로 인한 부모 세대와
자녀 세대 간의 차이는 자라온 생활
환경에 기초한 가치관 생활방식 등

히딩크와 네덜란드 총리
출처: 거스 히딩크재단

에서 뚜렷한 차이를 보이고 있어 이러한 것은 역행할 수 없는 하나의 흐
름으로 보아야 한다.

하지만 2002한일 월드컵 대회는 이러한 연령과 성별, 세대 간, 계층 간
의 경계를 극복하였다. 특히 대회장은 물론 길거리 응원전 함성의 진동은
삼천리 강산을 진동시켰고, 모두가 하나 된 율동적인 응원의 예술적인 리
듬은 세계의 이목을 집중시키는데 손색이 없었던 2002한일 월드컵 대회
는 축구사에 유례가 없는 21세기 대문화혁명이라는 표현이 맞다.

2001년 대한민국 축구 국가대표팀으로 영입되어 2002년 FIFA 한국·일
본 월드컵 축구 역사에서 전인미답이었던 4강 신화를 달성한 감독으로서
지금도 국가대표팀이 부진할 때마다 열성팬들은 그를 다시 우리 국가대
표팀의 지휘봉을 잡게 불러내야 한다고 열광한다. 그의 이름은 다름 아닌
거스 히딩크Guus Hiddink이다.

전설이 된 히딩크

2002에 개최 월드컵 축구 경기에서 과연 어느 수준의 성적을 국민들은

기대했을까를 짚어보았다. 게임에는 운이 따라야 한다는 속설처럼 컨디션이 좋으면 우승이냐 아니면 결승전까지냐 극단적으로 16강도 어려울 수 있다는 판단도 했을 것이다. 그러나 당시 언론은 개최국의 이점을 살린다면 8강까지도 가능하다는 예상도 했다. 막상 뚜껑을 연 결과는 4강 즉 준결승전에서 독일에 아깝게 져 4강의 신화를 탄생시킨 것이다. 2002 월드컵 경기에서 우리나라 축구가 4강의 신화를 탄생시킨 것은 선수들의 끊임없는 노력과 국민들의 헌신적인 격려가 있었기에 가능했으리라 본다. 그보다도 여기에는 대한민국 축구 국가대표를 맡은 거스 히딩크 감독이 이와 같은 훌륭한 신화를 창조한 인물이라는 데에는 재론의 여지도 없을 것이다. 거스 히딩크는 단지 축구에서 4강 신화를 달성한 업적, 그 자체만으로 평가를 받는 것에 그치지 않는다. 저마다 거스 히딩크에 대해서 언급할 때 레전드로서 존경받는 사유는 차고도 넘칠 것이다. 거기에는 한국대표팀 감독으로 부임하여 팀을 조직화해 나가는 과정에서의 그가 우리에게 보여준 이방인으로서의 놀라운 리더십을 바탕으로 하여 한국축구에 대한 냉정한 강·약점의 인식과 선수별 분석, 체력과 정신력에 기본을 둔 훈련, 신인 선수들의 발굴, 정실을 배제한 실력 중심의 선수 기용과 배제, 팀 빌딩을 위한 끝없는 소통과 열정 등 직접적으로 그가 성취해낸 업적이 그 바탕에 있을 것이다.

하지만 이것으로써 우리 국민들의 히딩크에 대한 팬덤을 다 설명했다고 한다면 여기서 필자는 크나큰 오류를 범하게 될 것임에 국가대표팀의 성적이 그의 개인적인 성취이기도 함은 두말할 나위가 없을 것이다. 그러나 이것만으로 우리 국민들이 그를 레전드라고 부를 만큼 경망하지는 않을 것이다. 그것은 히딩크가 한국대표팀의 업적으로써 보여 주어야 하는 여느 감독과 다를 바 없는 감독으로서의 일상적이고 개인적인 성취에 불과할 것이다. 월드컵에서 보여준 성적 자체로도 그것은 어마어마한 성취들이다. 적어도 레전드이려면 그리고 레전드가 이미 되었다면 히딩크가 지닌 능력 −우리 대한민국 축구대표팀을 견고하게 만든 진정성과 열정, 그의 촌철살인과도 같은 국민을 감동시키는 시의적절했던 어록− 그 이상의 것이 그에게는 있었다고 해야만 비로소 설명이 가능해지고 그래야 동의할 수 있을지 모른다. 그가 감독으로 부임하여 한국축구에 대하여 첫 진단은 부족한 체력과 부족한 정신력(그때까지 우리는 스스로 한국축구의 정신력 만큼은 수준 높게 평가하고 있었다)이었고 그 처방은 당연히 기초 체력 훈련과 정신력 증진에 두고 국가대표팀을 담금질 해나갔다.

그 결과 고난도로 새롭게 연마된 팀빌딩에 의해 우리 한국호는 월드컵 직전에 이르러서야 비로소 경기력으로 미완의 가능성을 비추어 주었다. 월드컵에서 보여준 그 어마어마한 성취들은 이전까지의 갈등과 비난을 한방에 휙 날려버리기 위해 '경이적인 모멘트'로 준비된 이벤트였다. 축구경기 등 경기에서의 승패병가지상사勝敗兵家之常事라고 하지만 출전하여 경기에 임하는 선수들은 승리를 목적으로 뛰는 것이고, 감독 또한 승리를 위해 전략을 세워 훈련에 임하는 것이다. 거스 히딩크 감독 또한 경기에서 좋은 성적을 올리기 위해 많은 노력을 했을 것이다. 그 결과 4강의 신화를 탄생시킨 것이다.

거스 히딩크 감독은 한국선수들의 체력을 면밀히 분석하고 그 체격에 맞게 훈련 방법과 량을 조절했다는 것이 당시 언론에서 밝힌 내용이다. 그리고 상대할 팀의 전략을 면밀히 분석하여 맞는 전략을 수립했다는 점이다. 지피지기知彼知己면 백전백승百戰百勝의 손자병법을 터득하였을 것이다. 그의 부임 후 거의 월드컵 개막일이 가까이 다가왔음에도 우리 한국축구는 패배의 수렁에 빠져드는 일이 다반사였고 그에 따른 비난(예시: 5-0감독, 기초적인 체력훈련만 시킨다는 비난 등)은 그를 집요하게 따라다녀 월드컵 개막까지 그를 괴롭혔으리라.

월드컵 개막 직전에 이르러 월드컵에 대비한 'A매치' 대회에서 한국호의 가능성을 보여주면서 비로소 이때서야 그에 대한 경멸이 잦아들었으니 그 또한 얼마나 힘들게 인내하여 왔겠는가? 아마도 그가 한국호에 한 편의 소설이나 드라마를 쓰려고 왔다는 것을 사전에 알았다면 그만큼 '스릴과 서스펜스'도 없었을 것임에 동의하리라고 본다. 그가 온갖 비난을 견디어내지 않고 단기성과식으로 대응했다면 드라마는 없었을 것이다. 그의 진단(그는 이미 스웨덴 감독시절에 우리 대표팀을 5-0으로 완파하였기에 어느 정도 분석이 끝나 있었다고 봐야 한다)에 따른 처방대로 기본 체력훈련으로부터 시작된 팀빌딩이 아니었다면 훈련과정에서 선수들의 불만, 축구협회의 이의 제기, 냄비처럼 들끓는 우리 국민들의 비난 여론 속에서 한국축구도 그에게도 전설은 없었을 것이다.

히딩크 감독과의 인연

2002년 FIFA 월드컵 이전에도 대한민국 축구 국가대표팀은 월드컵에 4회 연속으로 진출했으나 본선에서는 한 경기도 승리하지 못하였었다. 이때까지 단지 4무 10패의 초라한 성적표를 받아들고 있었을 뿐이다.

또 2002년 월드컵을 2년 앞두고 개최된 2000년 시드니 올림픽축구 조별리그에서 탈락하였고 제12회 레바논 아시안컵에서는 허정무 감독이 이끄는 대한민국호는 3위로 상당히 부진하였다. 반면, 우리 국민들의 정서상으로는 늘 비교될 수밖에 없는 질긴 인연의 일본 축구국가대표팀은 시드니 올림픽 축구에서 8강을 달성하였고 레바논 아시안컵은 우승을 하였으니 우리 대한민국팀 축구 국가대표팀에 대한 질타는 비등점 이상으로 끓어 올라 있었다.

이러한 상황에서 대한민국 축구협회는 허정무 감독을 경질하고 차기 감독을 찾아 나섰고 프랑스 출신이면서 1998년 프랑스 월드컵에서 우승한 자국 감독을 맡아 우승시킨 자케감독에게 한국감독을 타진하였으나 자케감독은 이를 고사하였다. 그리하여 그다음 순위로 거론되던 거스 히딩크가 2000년 12월에 한국 감독으로 영입되어 2001년 1월 1일부로 대한민국 축구 국가대표팀 감독으로 취임하였다.

취임 전 히딩크가 한국대표팀 감독으로 거론된 사유는 여럿이겠지만 앞서 그가 감독을 맡고 있었던 네덜란드팀에 우리 한국팀이 5-0으로 참패를 안겨주었던 점도 역으로 강렬하게 데자뷔 되었다는 점도 하나로 알려져 있다.

히딩크는 1946년 11월 8일 네덜란드의 바세펠트Varsseveld에서 태어나 1967년 7월 1일(20세) 아마추어클럽 S. C. Varsseveld의 청소년 부문에서 선수생활을 시작하여 선수생활의 대부분은 네덜란드 클럽인 더 흐라프스합De Grafschap에서 보낸다. 히딩크는 선수 생활 중 일반적으로 미드필드로서 뛰었으며 뛰어난 기술로 주목을 받았으나 스타플레이어는 아니었다고 본다.

지도자 경력을 보면, 더 흐라프스합에서 보조코치 일한 후 1983년부터 1987년까지 PSV 아인트호벤의 보조코치로 일 한 후 바로 1987년에 PSV의 감독이 되었다. 1987-88시즌에 역사적인 트레블Treble을 달성(위닝시즌 3회 연속으로 에레디비지, 3회 연속 KNVB컵, 유럽컵 우승을 달성하는 것)하였다.

1990년 터키의 이스탄불로 가서 페네르바체의 감독으로 부임하여 한 시즌을 보낸 후 다음 시즌부터 스페인의 강팀 발렌시아 CF와 발렌시아 메스탈라에 1994년 까지 있었다. 1995년 1월부터 자국인 네덜란드 국가대표팀을 맡았을 때에 팀 내 선수들과 불화를 겪었지만 이를 잘 극복하여 1998년 프랑스 월드컵에서 4강까지 진출시켰고 이후 사임하였다. 1998년 이후 2000년까지 레알 마드리드와 레알 베티스 감독으로 재직하였으나 부진한 성적을 보였다.

2000년 12월에 대한민국 국가대표팀 감독으로의 제의를 수락한 히딩크는 2001년 1월 1일부로 대한민국 국가대표팀 감독으로 공식 취임했다.

대한민국으로 오기 전 감독으로서 부진한 결과를 들고 있었던 그의 처지에서는 대한민국팀에서 도전해 볼 수 있었던 기회인 셈이었다.

2002년 한일 월드컵 이후 히딩크는 PSV 아인트호벤 감독, 호주 국가대표팀 감독, 러시아 국가대표팀 감독, 첼시, 터키 국가대표팀 감독, 러시아의 안지 마흐차쿨라Anzhi Makhachkala, 재차 네덜란드 국가대표팀, 첼시 감독직을 거쳐 2018년 이후 현재 차이나 U-21 국가대표팀 감독으로 있다.

2002 월드컵 이전
국가대표팀에서의
활동과 업적

히딩크가 대한민국호를 이끌게 되자마자 대한민국 국민들이 보기에 이전과는 다르게 비추어질 수 있는 대대적인 선수 물갈이 등 구조조정을 빠르게 진행하였다. 당시 자타가 인정하는 최고의 공격수 이동국을 제외시키고 그 자리에 무명의 설기현을 대체시켰다. 또 박지성, 송종국 등 당시 축구계에서는 비주류 선수나 그다지 명성이 없던 선수들을 발굴하여 육성하였다.

특히 선수들에게 원래 포지션뿐만 아니라 다른 포지션도 소화를 해내도록 요구하였고 이에 따른 특별훈련과 체력훈련을 병행하는 한편 기본 기 훈련을 집중하였는데 그라운드를 많이 뛰고도 지칠 줄 모르는 체력을 대한민국호의 트레이드마크로 내세우게 되었을 뿐만 아니라 이는 훗날 2002년 한일 월드컵에서 4강을 달성하는 업적의 초석을 만들었다.

2002년 한일 월드컵을 대비하여 히딩크가 대한민국 국가대표팀 감독 으로 취임한 후 그 준비를 위한 국제대회 출전과 A매치 경기 등과 관련하 여 언급하고자 한다.

히딩크의 데뷔 첫 무대가 홍콩에서 개최된 칼스버그컵이었고 이 대회 에서 한국은 노르웨이에 2-3으로 패배한다. 파라과이와는 승부차기에서 승리를 거두고 천신만고 끝에 첫승을 거두면서 결국 3위를 기록한다.

2001년 다시 FIFA 컨페더레이션컵이 한일 공동으로 개최되었는데 개 막전 경기로 열린 대구 월드컵 경기장에서 대한민국은 프랑스에 5-0으 로 대패를 당하게 된다. 이 경기로 말미암아 2002 월드컵을 기대하고 있 던 우리 국민들은 너무나 실망한 나머지 앞선 1998년 제16회 프랑스 월드 컵 조별 예선에서 네덜란드팀 감독이었던 히딩크가 한국팀에 참패를 안 겨 주었던 바를 기억하던 차라 이때부터 히딩크를 오대영(5:0) 감독으로 별명을 붙여주었다. 축구경기에서 약체가 아닌 이상 웬만하면 국가대표 팀이 5-0으로 이기거나 지기도 쉽지는 않은 터라 강렬하게 오버랩 되었 던 것일 것이다.

더구나 당시 히딩크는 눈에 띄는 그의 여자 친구(남아메리카 수리남 출신) 엘리자베스를 만나기 위해서 자주 출국하거나 선수들의 합숙소에 여자 친구가 찾아오는 문제로 대한축구협회에서도 골치를 앓고 있었던 상황 (유럽 문화와 우리 문화와의 괴리 등이 작용)이었다고 한다.

이는 우리 축구계의 또 다른 전설 차범근이 2002년 4월 1일 이에 대하여 이해를 돕고자 체육 칼럼을 낸 것도 주지의 사실이다. '유럽 및 해외에서의 여자 친구나 동거녀도 그들 문화에서는 너무나도 자연스러운 관계일 뿐 우리나라처럼 '부인도 아닌데....' 하는 비밀스러운 관계로 보는 시각의 차이'를 들면서 "우리의 희망은 월드컵의 성공이지 히딩크가 한국 사람처럼 살아주는 것은 아니기 때문이다."라는 맺음말로 ....

A매치 등 평가전에서의 잦은 패배뿐 아니라 부진한 경기 내용과 더불어 히딩크의 여자 친구 문제도 가끔 언론에 오르는 등 그의 한국 감독직 부임 이후 월드컵 개최 직전까지 한동안은 문화적 차이일지언정 그로서는 억울하게 겪어야만 했던 시련기가 더 많았을 것이다.

2001년 11월 마침내 2002 한일 월드컵의 주경기장인 서울의 상암동 월드컵 경기장이 개장되었고 여기서 열린 두 차례의 친선경기인 크로아티아 전에서 한국팀은 1승 1무를 기록하였다. 이윽고 2002월드컵에서 대한민국은 폴란드, 포르투갈, 미국과 함께 D조에 편성되어 본격적인 월드컵 시즌으로 점차 무르익어갈 무렵 이에 대비한 2002년 원정 평가전 및 국제대회에서 우루과이, 미국, 캐나다에 패하고 최약체인 쿠바와도 무승부를 기록하는 등 부진하여 온 국민들에게 다시 한번 불안감을 증폭시키게 되었다. 왜냐하면 이때는 월드컵 개막이 채 4개월도 남지 않은 상황이었기 때문이었다.

그러다 2002년 3월 이후 터키, 핀란드, 코스타리카, 중국전 등에서 승리하거나 무승부를 기록하는 등 무패행진이 계속되었다. 2002년 5월 16일에 축구 종주국인 스코틀랜드를 상대로 4-1의 대승을 거두고 5월 21일 잉글랜드 전에서 1-1 무승부 그리고 5월 26일 최종 평가전 상대인 프랑스

를 상대로 한국은 2-3의 패배를 했지만 한국축구의 가능성을 확인시켜
주었다.

2002 FIFA 한일월드컵
꿈을 이루다

마침내 월드컵이 개막되었다. 우리 대한민국은 2승 1무로 D조
1위를 기록하여 대한민국 축구 역사상 최초로 FIFA 월드컵 16강에 진출
하는 쾌거를 달성하게 된다. 이로 인해 저마다 대부분의 국민들이 '붉은
악마' 응원단의 일부로 녹아들어 열광의 도가니가 되었다.

준비 기간 내내 웬 외국인 감독 하나가 굴러 들어와서 개최국 망신 다
시키겠다며 어마어마한 비난에 시달려야만 했던 히딩크였다. 그러나 히
딩크는 "월드컵에서 우리는 분명 세계를 놀라게 할 것이다. 모든 것은 그
때에 알게 될 것이다."라며 준비과정에서 흘러나오는 어떠한 비판도 수
용할 것이라 하여 더욱 언론을 벙찌게 만들었다. 거기다 언론이 조급한
마음을 가지고 비판의식에 사로잡혀 있을 때도 자신은 6월을 기다려 왔
고 세계 유명 축구팀들이 비웃어도 반박할 필요 없이 월드컵에서 보여주
면 된다며 무한한 자신감을 표출했었으니 그의 예언이 실현되어가는 과
정이었다.

우리 대표팀의 경기가 열릴 때마다 저마다 남녀노소를 불문하고 'Be the Reds!'가 인쇄된 빨간 티셔츠를 입고 '부부젤라(응원에 사용한 악기)'는 기본으로 소지하여 대~한민국!을 연호하였던바, 이는 응원문화에서 획기적인 신기원을 열어젖힌 것이었다. 그것도 우리나라와의 경기가 있는 날이면 무려 700만 명씩이나. 연인원 2,000만 명에 달하는 놀라운 스펙터클 그 자체를 국민 모두가 각본 없이 연출해 내었다. 외국에서 들려왔던 그 흔한 난장판이나 폭력 하나 없이.

이처럼 한국호에 대한 환호와 기대가 경기장 내외를 가릴 것 없이 수직으로 솟구치는 상황에서 히딩크는 "나는 아직도 배가 고프다I am still hungry!"라는 초절정 어록을 내놓아 공전의 히트를 쳤다. 그리고 착실히 다음 경기를 준비하였고 마침내 한국 대 이탈리아전이 개막되었다. 전반 7분 안정환이 페널티킥을 실축하였고 전반 18분에 크리스티안 비에리에게 선제골을 허용한 한국호는 이탈리아의 빗장수비에 고전을 하고 있었다. 이에 히딩크는 후반 중반 이후 수비수 전원을 벤치로 불러들이고 공격수들만 투입하는 도박을 결행하였다. 결국 동점골을 기로 하였고 연장 후반에 안정환이 골든 골을 넣어서 당시까지 이 대회에서 아시아팀으로서는 처음으로 8강에 진출했다.

스페인과의 8강전에서는 0-0을 기록하여 승부차기에 돌입, 결국 5-3으로 우리 대한민국이 승리하여 월드컵 사상 최초로 아시아팀 4강 진출의 역사를 쓰게 되었다. 6월 25일 독일과의 준결승전에서 패배하여 결승 진출은 실패하였다. 6월 29일 열린 터키와의 3~4위 전에서도 전반에 대량실점을 하여 2-3으로 패배하였다.

하지만 이로써 히딩크는 한국을 역사상 전인미답인 월드컵 4위에 링크

시켜 국민적 영웅으로 등극하게 되었다. 불과 몇 개월 전까지만 해도 그 자신이 오대영 감독이라고 불리며 조롱당하던 상황이었고 언감생심 한국축구가 16강을 진출하는 것 자체가 불가능하다고 전망되었기에 아마 히딩크 자신도 크게 놀란 대단한 사건이었음에 틀림이 없는 역사적인 순간이었다.

월드컵 4강으로 한국축구는 대단원의 드라마를 썼다. 이러한 공로로 히딩크는 서울시민으로의 대한민국 명예국민이 되었고 지금까지도 국민들로부터 엄청난 사랑을 식지 않고 받고 있다. 당시도 히딩크 감독을 차기 월드컵까지 계속 국가대표팀 감독으로 앉히자는 여론이 높아 갔었고 불과 얼마 전까지만 해도 우리 축구가 부진해질 때마다 히딩크 등판론이 줄기차게 나올 정도다.

히딩크로부터 배운 대한민국
그로부터 감동한 국민들

히딩크는 그의 미션인 축구에서 월드컵 4강이라는 초과 목표 달성을 보여줬다. 그러나 히딩크가 했던 일과 히딩크가 보여준 리더십은 단지 축구에만 머무르지 않았다. 히딩크 신드롬은 누구도 예측하지 못했던 새로운 문화를 만들어 냈다. 무엇보다도 대한민국을 원 팀으로 묶어내었다. 무엇이든 할 수 있다는 꿈과 자신감을 심어준 것이야말로 돈을 주고 학교나 학원에 가서 배울 수 있는 것이 아니었다. 국민들에게 감동을 아무나 줄 수 있는 것은 아니기에 그는 우리의 스승이었다. 스승의 반열은 아무나 오를 수 없다.

직접적으로 한국축구는 이때 기술적인 도약을 이루었다. 월드컵 이후 선수들이 대거 세계 유수의 클럽으로 진출하는 계기가 되었고, 히딩크와 함께 했던 코칭스텝 베어백 코치의 과학적 분석을 도입했던 강렬한 이미지, 오늘날 베트남에서 영웅이 되어 그 어떤 외교관도 이루지 못한 역할을 해내고 있는 박항서 감독 등의 업적은 전적으로 히딩크에게서 영향을 받은 것들이라고 볼 수 있다.

텝 등은 이미지 하나만으로도 기법 하였고 산업계 및 경영일반의 조직관리, 리더십에 지대한 영향을 끼쳤으며 온 국민에게 가슴속 깊이 그가 가진 뚜렷한 그의 색깔로 엄청나게 긍정적인 영향을 미쳤다고 볼 수 있다. 히딩크의 리더십을 정리해 본다.

기본에 충실하라

히딩크는 한국에 부임하기 전부터 프랑스 월드컵에서 네덜란드팀의 수장으로서 한국팀을 5-0으로 격파하였기에 이미 한국팀의 강약점을 온전하게 독파하였기에 가능하였다고 볼 수 있다. 그가 부임하고서 가장 우선적으로 중점을 두었던 것은 축구의 기본기, 즉 전후반 풀타임 90분을 죽어라 뛰어도 지치지 않는 체력이었다. 히딩크 부임 이후 대단한 전략전술의 이식을 기대하였던 선수들에게 대단히 가혹한, 매일 계속되는 체력훈련이 반복되었으니 이에 선수들의 불만이 높아졌고 따라서 언론에 불만 기사가 자주 노출되었을 정도이다. 전후반을 종횡으로 그라운드를 누비는 체력 박지성 선수가 그의 수제자로서 총애를 받았던 까닭이다.

임무에 부합하라

대표적인 예화가 있다. 월드컵 최종 엔트리 선발전에서 김병지는 골키퍼이면서 하프라인까지 공을 치고 나와 히딩크 감독은 "저 선수 포지션이 뭐지?"하며 물었고 즉시 교체한 것이다. 골키퍼는 골을 넣는 역할이 아니라는 것이다. 감독으로서의 리더십을 보면 목표를 수립하고 그 어떤 비난에도 흔들리지 않는 원칙과 소신을 보여 주었다. 명성이나 파벌(학연, 지연 등)을 무시하고 오로지 실력과 정신력이 좋은 선수들을 선발하였다. 한국 팀이 체력훈련과 정신력이 부족하다고 본 히딩크는 체력훈련과 자율을 지키면서도 단체 이동 시 복장 통일과 단체 식사시간 엄수, 단체 행동 시 휴대폰 사용 제한 등 원팀을 만들기 위해 규율을 잡았다. 글로벌 최신 트렌드의 축구 흐름을 도입하여 과학적 분석에 기반하여 훈련을 시켰다. 또한 포지션에 붙박이로 플레이하는 선수 보다 여러 포지션을 소화할 수 있도록 하는 한편 공격수에게도 수비 능력을 강조하는 등 이전의 한국축구에 혁신을 도입하였다. 대표팀 부임 초기에 자신의 팀 색깔을 그리고 그에 맞지 않는 선수를 과감히 대표팀에서 제외해 일거에 분위기를 잡는 쇄신을 하였다.

커뮤니케이션 하라

박지성 선수의 이야기를 빌리면 본인은 그 당시 레프트 라이트 밖에 알아들을 수 없었지만 히딩크는 영어로 설명하고 커뮤니케이션을 계속하였다고 한다. 또 이영표씨는 히딩크 감독의 경기 직전 5분 스피치를 듣고 나면 마음이 겸손해지고 오늘 죽도록 뛰어야 하겠다는 마음이 절로 든다. 사람의 마음을 움직일 수 있는 힘이 나온다는 뜻의 글을 본 적이 있다.

히딩크가 PSV 아인트호벤의 보조코치에서 일하다가 1987년 3월 성적이 부진했던 전임 감독의 뒤를 이어 감독이 되자 당시 선수들 중에서는 히딩크가 감독으로 선임된 것에 대한 불만으로 훈련에 불참하거나 히딩크의 지시를 무시하였다. 이에 어느 날 히딩크가 선수들을 모아놓고 말하였다. "전임 감독이 떠난 이유는 너희들 때문이다. 너희들이 남아있는 이유는 너희들이 잘해서가 아니라 선수 11명을 해고하는 것보다 감독 1명을 내보내는 것이 더 쉽기 때문이다. 그러므로 너희들은 전임 감독 때문에 좋지 못한 경기를 한 것이라고 증명해야 한다. 그럼에도 너희들이 달라지지 않는다면 세상도 감독이 아니라 너희를 비난할 것이다." 이후 선수들은 그해 리그 우승을 차지했고 그 다음 해에 트레블을 달성하였다.

상황을 예리하게 분석하고 그에 맞게 대응한다

히딩크가 느낀 한국축구는 체력 부족으로 후반 집중력이 흐트러진다. 유럽 선수에게서는 찾아보기 힘든 양발을 잘 쓴다. 한국문화가 라틴문화와 닮았다. 밥 먹으면서 말을 많이 하고 가끔 격론도 벌인다. 팀 기강이 엉망이어서 식사 때 옷차림, 식사하러 오는 시간, 나가는 시간이 제 각각이다. 공격수는 많으나 수비자원이 부족하다. 선수들이 아무 생각 없이 플레이한다. 전술 대형도 엉망이고 자기 포지션도 잊어 왜 뛰는지도 모른 채 체력을 낭비한다. 원정시에는 호텔밖에 나가지 않는다(유럽 선수들 대비). 유럽 선수들에게 열등감을 느낀다. 기타로 히딩크는 선수별 강약점을 여기에서 서술하지는 않으나 매우 세밀하게 분석하여 기록한다.

히딩크의 위대함
시각장애인을 위한 축구장
드림필드 운영

히딩크는 월드컵이 끝나고 2005년, 한국에서 받은 사랑을 다시 되갚기 위해, 장애인을 대상으로 도움을 주자고 거스히딩크재단을 설립하여 운영하고 있다. 그는 장애인을 돕는 것은 의무가 아니라 기쁨이라고 말한다. 2015년, 한국에는 시각 장애인들을 위한 축구장인 드림필드가 이미 13개가 건립되어 운영 중이다. 전국 주요 도시에 드림필드가 지어지고 확대되고 있고, 최근 더욱 적극적이고 본격적인 활동을 진행하기 위해서, 네덜란드에 있던 재단 본사를 한국으로 옮겼다. 한국을 넘어 전아시아와 전 세계로, 시각장애인에서 소외받고 있는 모든 유소년들까지 그 대상을 점진적으로 확대해 나갈 계획이라고 한다. 그가 자주 말했듯 Dreams Come True. 꿈은 이루어진다! 거스히딩크재단이 한국과 아시아의 모든 아이들이 축구를 통해 꿈을 이룰 수 있도록 돕는 일이 널리 확산되기를 기원한다.

참고문헌

강준식, 『다시읽는 하멜표류기』, 웅진지식하우스, 2005.

공병호, 『거스 히딩크, 열정으로 승부하라』, 샘터사, 2002.

이인석, 『히딩크 리더십』, 리더스클럽, 2002.

『거스 히딩크재단 홈페이지』.

• 거스 히딩크와 슈토이벤 •

거스 히딩크는 한국의 슈토이벤이라는 생각이 든다. 기본에 충실한 팀이 최후 승리를 일궈낸다는 평범한 진리를 확인하여 주고 있다는 점에서 히딩크와 슈토이벤은 공통점이 있다. 외국인으로서 히딩크는 한국에, 독일인으로서 슈토이벤은 미국에 커다란 공헌을 하였다. 슈토이벤에 대해 살펴본다.

프리드리히 빌헬름 아우구스트 하인리히 페르디난트 폰 슈토이벤 Friedrich Wilhelm August Heinrich Ferdinand von Steuben(1730년 9월 17일 ~ 1794년 11월 28일)은 미국 독립 전쟁에서 싸운 프로이센의 군인이다. 흔히 '슈토이벤 남작'으로 알려져 있다. 미국 독립 전쟁에서 조지 워싱턴 장군을 보좌했다. 그는 1812년 전쟁 때까지 미합중국군의 표준 교본이 된 『혁명전쟁 훈련 매뉴얼』을 썼다. 그리고 새롭게 만들어져 체계가 떨어지던 대륙 군의 훈련과 전술, 통제의 기본을 가르쳤다.

슈토이벤은 1730년에 프로이센 왕국의 마그데부르크에서 기사 중위 빌헬름 아우구스틴 슈토이벤(1699년 – 1783년)의 아들로 태어났다. 출생 시 그의 이름은 프리드리히 빌헬름 루돌프 게르하르트 아우구스틴Friedrich Wilhelm Ludolf Gerhard Augustin이었다. 슈토이벤은 프로이센 국왕이자 브란덴부르크 선제후 프리드리히 빌헬름 1세가 슈토이벤의 아버지에게 러시아 제국에 가서 러시아 여제 안나 1세를 모시라고 명령했을 때, 아버지 빌헬름 따라 러시아에 동행했다. 1740년, 프리드리히 2세가 프로이센 왕을 계승한 후 슈토이벤의 가족은 프로이센에 돌아왔다. 슈토이벤은 브레슬라우의 예수회에서 교육을 받고 17세 때 프로이센 육군 장교로 들어갔다.

7년 전쟁(1756~1763)에서 프로이센 군의 대위로서 복무하였고, 보병 부대의 참모 장교로 7년 전쟁에 종군한 후 참모 본부의 일원으로서 잠시 러시아에서 근무를 했다. 슈토이벤의 근무 태도는 칭찬할만한 것이었으므로, 결국 프리드리히 2세의 참모 조직을 할당받았다. 프로이센 육군 참모 본부 생활은 경험과 풍부한 지식을 그에게 심어 주었다. 이러한 슈토이벤 훈련은 군대에 필요한 기술적 지식을 대륙군에게 가져 오게 되었다.

1777년 미국으로 건너와 독립군들이 영국군들을 꺾는 데 도움을 제공하였다. 조지 워싱턴 장군은 슈토이벤을 소장으로 만들어 군대의 훈련을 지도하는 부탁을 하였다. 이 당시 식민지의 상황은 이루 말할 수 없을 정도로 처참했다. 우선 1776년을 시작으로 8월 27일, 롱아일랜드 전투에서 패배하면서 보스턴과 뉴욕이 함락되었고, 1777년 8월 22일에는 영국-이로쿼이 연합군에게 스탠웍스 요새가 포위됐으며, 1777년 9월 11일에 브랜디와인 전투에서 패배해 수도 필라델피아까지 함락되자 조지 워싱턴은 수도를 되찾기 위해 영국군을 공격했으나 저먼타운 전투에서도 패배한 이후였다.

따라서 식민지군의 사기는 바닥을 치고 있었고 의회는 너무 가난해 돈도 없는 상태였다. 탄약과 무기도 부족했고 식량과 겨울 의복조차 없었다. 게다가 숙영지 전체에 폐렴과 설사병과 같은 전염병이 나돌고 있었다. 그래서 수많은 사람들이 매일 같이 병으로 죽거나 굶어 죽거나 얼어 죽었고 심지어 탈영까지 하는 실정이었다. 물론 슈토이벤은 영어를 전혀 할 줄 몰랐으나 다행히도 알렉산더 해밀턴과 나다니엘 그린이 통역을 도와주었기 때문에 통역 문제는 일단락되었다. 하지만 진짜 문제는 위에 설명했듯이 이 오합지졸 무리들을 당대 최고의 병사들이라고 소문이 자자했던 영국의 레드코트와 대항해 싸울 만한 실력을 갖추게 하는 것이었다.

슈토이벤은 빠르게 규율 없는 군대를 우수한 육군으로 변화시킨다. 그는 직접적으로 행렬의 기초적 원칙에서 머스켓총과 총검으로 싸우는 군인들에게 엄격한 훈련을 시켰다. 또한 요크타운과 먼머스에서 영국군들을 대항하여 싸우는 데, 독립군들을 지휘하였다. 마침내 1783년 9월 3일 영국은 파리 조약에서 미국의 독립을 공식적으로 인정하면서 미국은 완전히 독립하게 된다.

전쟁이 끝나자 슈토이벤은 군에서 퇴직해 유티카에서 편하게 퇴직 생활을 즐겼다. 맨해튼 섬에 독일의 장로교회가 정착할 수 있도록 미국 정부에서 지원을 했고 슈토이벤의 부채 역시 미국 정부에서 갚아주었다. 그리고 의회는 슈토이벤이 죽을 때까지 매년 2,500 달러씩 연금을 주었다. 그리고 군 복무의 보상으로 슈토이벤에게 뉴욕 주에 위치한 유티카에 토지와 집을 주었다. 1794년 11월 28일 슈토이벤은 유티카에 있는 자신의 집에서 64세의 나이로 사망했다. 그는 자식이 없었기 때문에 재산은 사회에 환원되었다. 뉴욕에서는 1957년부터 매년 9월 독립 전쟁에 이바지한 슈토이벤을 기리기 위해 독일계 미국인 슈토이벤의 날 을 지정하여 퍼레이드를 개최하고 있다. 그것은 뉴욕에서 가장 큰 퍼레이드 중 하나이며 센트럴 파크 뿐만 아니라 요크빌, 맨해튼, 뉴욕 시 전역에서 행해지며 참가자들은 모두 독일 전통옷을 입고 독일 음악을 연주하고 춤추며 행진하고 이를 보기 위해 매년 수백만 명의 사람들이 찾아온다.(참고문헌: 『위키백과』)

이자스민

Jasmine Bacurnay y Villanueva

아시아블록체인공공서비스협회 사무국장, 틴소프트 주식회사 대표 박형용

"결혼이민 여성들도 능력이 있고 한국 사회의
당당한 일원이라는 점을 보여주고 싶어요."

이자스민은 대한민국 최초의 이주민 출신 국회의원이다. 필리핀 출신의 귀화여성으로 영화 '완득이'에서 다문화 가정 엄마로 출연하며 방송인 겸 배우로 이름을 알렸으며 그 외에도 물방울 나눔회 사무총장, 한국문화다양성기구 이사장, 꿈드림학교 교장 등으로 다문화가정을 위한 시민사회 활동을 하는 등 다문화 여성을 대표하는 인물로 꼽혔다.

이자스민은 1977년 1월 6일 필리핀 마닐라에서 출생했다. 11살에 민다

나오 섬 다바오로 이사하여 생활했고, 1993년 '아테네오 데 다바오 대학교Ateneo de Davao University' 생물학과에 입학하여 학교를 다니다, 항해사로 일하던 한국인 남편 이동호를 만나 1년 반 동안의 연애를 한끝에 1995년 결혼하고 1998년에 귀화해서 필리핀계 한국인이 되었다. 슬하에 1남 1녀의 자녀를 두었다.

서울특별시 공무원에서 국회의원으로

한국 국적을 취득하고 모국어보다 한국어를 더 편하게 구사하는 그는 1995년 17 대 1의 경쟁률을 뚫고 서울시 외국인 공무원 1호가 됐다. 외국인 지원시설인 서울글로벌센터에서 한국에 거주하고 있는 외국인을 대상으로 홍보 및 상담 등의 업무를 하였다.

2009년부터 국내 첫 이주 여성들의 봉사 단체이자 문화네트워크인 '물방울 나눔회'에 참여하여 이주여성의 성공적인 롤모델을 제시해 스스로 꿈을 찾도록 하는 '꿈드림학교' 등의 사업을 통해 이주여성이 사회 각 분야에서 능력을 발휘할 수 있도록 돕고 매년 다문화 행사를 개최하여 다문화 가정에 대한 편견을 없애는 활동을 벌이고 있다.

KBS 러브인 아시아, EBS 한국어강의 등 방송 활동도 해 나갔다. 그리고 영화 의형제(2010)와 완득이 어머니 역으로 완득이(2011)에 출연했는데, 특히 영화 완득이로 대중들에게 얼굴을 널리 알리게 되었다.

2012년에 제19대 국회의원 선거에서 새누리당 비례대표 15번으로 공천을 받아 우리나라 역사상 처음으로 이주민 출신 한국인을 대표하여 국회의원이 되었다. 외국인 출신의 최초의 정치인으로서 책임감을 가지고 의정활동을 하였고 여야 의원 모두에게 의정활동에 매우 성실하게 임한다는 평가를 받았다.

국회 환경노동위원회, 외교통일위원회와 여성가족위원회에서 활동하면서 다문화 정책과 이주민들의 인권문제, 탈북민들의 인권문제, 일본군 위안부 문제, 가정폭력피해자문제 등에 대해 많은 관심을 가지고 제도 개선을 위해 노력을 했다. 기자, 보좌관, 수석전문위원과 국회의원의 평가로 유승민, 김태원과 함께 여당 국회의원 중 공동 13위를 기록했고 2014년에는 '제6회 공동선 의정활동상' 시상식에서 수상자로 선정됐다.

국회의원 임기가 끝난 후에도 한국문화다양성기구 이사장, 꿈드림학

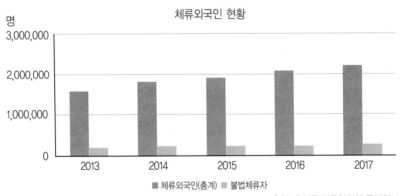

체류외국인 현황

출처: 출입국 외국인정책 통계연보

교 교장 등의 활동과 2018부터는 다문화 TV에서 「이자스민의 이제는 다문화다」의 방송을 진행하며 다문화주의 정착을 위해 노력하고 있다.

다문화사회
일본군 위안부 관련 활동

이주민 200만명 시대

다문화가족 지원법은 2008년 처음 제정되었으나 다문화가족이 매년 지속적으로 증가하는 상황에서 지원 내용과 지원활동의 효율성, 지원에 대한 만족도에 대한 개선의 요구가 있었다. 이자스민은 다문화가족 구성원이 안정적인 가족생활을 영위하도록 하여 이들의 삶의 질 향상과 사회 통합에 이바지하는 것을 목적으로 하는 다문화가족지원법 일부개정법률안을 2012년 8월 13일 대표 발의 하였다.

한국에 거주하면서도 한국 국적이 아닌 18세 이하 아이들을 이주아동으로 정의하고 이들에게 기본권을 보장하자는 내용을 담은 이주아동 권리보장법을 발의했다(2014년 12월 18일, 이자스민 등 23인). 2003년 유엔아동권리위원회는 우리나라 정부에 '모든 외국인 어린이에게도 한국 어린이들과 동등한 교육권을 보장하라'고 권고한 바 있다. 대부분의 선진국들이 UN의 권고사항은 최대한 어떤 방식으로든 지키고 있고 이자스민 의원

이전에도 계속 관련 법을 제정하고자 하는 노력이 있었으나 세간의 관심에서 벗어나 있다가 이자스민이 추진한다는 것이 알려지자마자 화제의 중심에 섰다.

난민의 배우자와 자녀도 난민과 동일한 지원을 받아 안정적으로 생활하도록 도와 난민과 가족이 한국에 적응하도록 돕고 궁극적으로는 사회통합에 기여하기 위한 취지로 난민법 일부개정법률안을 대표발의 하기도 하였다(2015년 6월 22일).

일본군 위안부 피해자의 명예회복과 올바른 역사관을 확립

일본군 위안부를 부정하는 일본 우익세력 등의 활동에 의해 일본군 위안부 피해자들의 명예가 훼손될 우려가 있는 사건들이 증가함에 따라 일본군 위안부 피해자들이 명예와 존엄성을 지키고 역사를 바르게 보존할 수 있도록 '일제하 일본군 위안부 피해자에 대한 생활안정지원 및 기념사업 등에 관한 법률 일부개정법률안'을 대표발의(2012년 8월 16일, 이자스민 등 18인)하였다.

위안부 피해자를 기리는 공원을 마련하고 공원 내 기림비 등을 설치하여 보다 많은 국민들과 우리나라를 방문하는 외국인들이 일본군 위안부 문제를 쉽게 접하고 느낄 수 있도록 함으로써 일본군 위안부 피해자의 명예를 회복하고 자라나는 세대들이 올바른 역사관을 확립할 수 있는 계기를 효과적으로 마련할 수 있도록 하는 위안부 피해자 기림공원 조성 결의안을 공동발의 하였다(2014년 2월 21일, 김현숙 등 10인).

우리의 미래
다문화사회에 대한
인식전환에 기여

　'결혼이주여성'이라는 단어조차 없었던 시절에는 오히려 관심
의 대상이 되고 '하나'라도 더 챙겨주기에 여념이 없었으나 외국인과 결
혼하는 가정이 늘자, '다문화 가정'이라는 단어가 만들어졌고, 정부에서
도 '다문화 가정'에 대한 정책적인 지원을 하나, 둘 발표하기 시작했다.
그러나 이제까지 접하지 못한 새로운 사회현상에 대한 두려움의 표출로
어느새 사회에는 '다문화'에 대한 불신과 차별의식이 생겨났고 급기야 제
노포비아(외국인혐오증)라는 사회현상과 함께 반反다문화단체 결성으로 이
어졌다. 이민과 국제결혼이 증가하는 상황에서 증가하는 다문화 가정은
한국을 다문화 사회로 만들 것이고, 그 과정에서 뒤따를 편견과 사회적
갈등은 피할 수 없는 현실이다. 다문화가정 아이들과 여성들이 정착하도
록 돕고 다문화에 대한 인식을 전환하는 것이 필요하다.

참고문헌

송홍근, 「1977년생 이자스민이 꿈꾸는 대한민국」『신동아』, 2019. 3. 6.

최윤철, 『다문화가족지원법에 대한 사후적 입법평가』, 한국법제연구원, 2015.

「10주년 기념 인터뷰:다음 10년의 인물, 이자스민 새누리당 의원」『허핑턴포스트』, 2015. 5. 26.

『이자스민 의원 블로그』

우리나라의 외국인정책

우리나라를 몇 차례 방문하였던 윌리엄 스윙 전 IOM 사무총장은 '이민은 21세기 메가트렌드'란 말을 즐겨 사용하였다. 국내외 이민을 포함한 전 세계 이민자의 수는 현재 10억 명에 이르고 이는 지구상에 살고 있는 사람의 7명 중 1명이 이민자라는 것을 뜻하기 때문이다. 실제로 이민은 지난 2015년 9월 채택된 지속가능개발목표 Sustainable Development Goals, SDGs에 포함되었으며, 이는 경제 성장을 돕고 일자리를 창출하는 이민이 지속 가능한 개발에 미치는 막대한 기여를 인정받은 결과이다.

이민의 역사는 인류의 역사와 함께 시작되었다고 해도 과언이 아니다. 인류는 끊임없이 더 많은 기회와 더 나은 삶을 위해 이동해왔다. 이민 현상은 다양한 요인에 의해 발생하고 있지만 대부분의 이민자들은 더 높은 임금과 주거환경, 또는 가족과의 결합 등으로 인한 삶의 질 향상과 그에 따른 더 행복한 삶을 위해 이동한다. 하지만 본인의 의지에 상관없이 이주를 강요당하는 경우도 있다. 예를 들어 정치적 탄압을 피해 이주한 난민들, 내전이나 자연재해에 의해 살 곳을 잃은 이재민들, 그리고 휴먼 트래피킹의 피해자들은 이러한 비자발적인 이주자에 해당된다고 볼 수 있다. 특히 2018년에 제주도에 도착하여 집단적으로 난민 신청한 예멘인들의 경우가 전형적인 사례에 해당된다고 하겠다.

이민행정은 대한민국으로 이주하고자 하는 외국인에 대해 일시적 또는 영구적 사회구성원 자격을 부여하거나, 국내에서 살아가는 데 필요한 제반 환경의 조성에 관한 사항을 정치·경제·사회·문화 등 종합적 관점에서 다루는 국내 행정의 한 분야이다. 종래의 국경통제와 외국인 체류관리를 위주로 하는 출입국관리행정에 더하여 다양한 문화적 배경과 전통을 가진 이민자와 국민과의 사회통합에 관한 사항을 포함하고 있다. 넓은 의미에서 국제이주의 한 형태인 재외 동포와 북한 이탈 주민에 대한 처우 문제와 난민의 인정 등에 관한 국제기구와의 협력에 관한 사항도 다루는 것이 이민행정이다. 이러한 입장에서 우리나라의 이민행정의 역사를 대한민국의 정부 수립 이후부터 현행 정부에 이르기까지 개관해 본다.(출처: 법무부 『출입국관리40년사』, 『여수이민행정50년사』에서 발췌)

1948년 8월 15일 이승만 대통령이 대한민국의 정부수립을 국내외에 선포함으로써 제1공화국 시대가 출범하였다. 정부수립 당시 외국인의 출입국 및 등록업무는 외무부 의전과에서 관장하였다. 이는 물론 일본 등 해외사례를 참고한 것이겠지만, 국제교류가 빈번하고 출입국관리업무가 전문화된 오늘날의 입장에서 보면 쉽게 수

긍이 가지 않아 보인다. 하지만 당시에는 여권발급 대상은 외교관, 정부요인 등으로 지극히 한정되었을 뿐만 아니라 여권을 소지하고 출입국 하는 일도 흔치 않아 이를 일종의 의전적 성격의 행사로 보아 그 소관 중앙부서를 외무부의 의전과로 하고 나중에는 여권과로 분장한 것으로 보인다. 조선시대에는 외교업무를 관장하는 예조가 출입국관리행정의 중앙관청 기능을 하였던 사실에 비추어 보면 역사적 근거도 있는 것 같기도 하다. 출입국관리업무를 집행하는 기관으로 1949년 인천과 부산에 외무부 출장소가 처음 설치되었고 1954년에는 김포에 외무부 출장소가 설치되어 출입국사열, 체류허가업무를 수행하였다. 외무부 공무원이 주재하지 않는 항구에서는 세관공무원이 이를 대행하였다. 1949년 11월 17일 출입국관리 업무 수행을 위한 최초의 단일 법률인 「외국인의 입국·출국과 등록에 관한 법률」이 공포되었고, 1950년 3월 7일 대통령령 제285호로 동법 시행령이 공포되었다. 이는 외국인의 출입국 및 체류절차를 규정하는 것이었고 우리 국민에 대한 출입국절차를 규정하지 아니하였기 때문에 1963년 출입국관리법이 제정되기 전까지 국민의 출입국은 근거법령이 흠결된 상태에서 여권업무에 부수하여 시행되어 왔다.

1961년 5월 16일 제2공화국 정부는 붕괴되고 1962년 12월 26일 개정된 헌법에 따라 실시된 대통령 선거에서 당선된 박정희 후보가 1963년 12월 17일 제5대 대통령으로 취임함으로써 제3공화국이 탄생하였다. 제3공화국은 국정의 기본목표를 조국 근대화에 두고 그 실현을 위해 경제발전을 강력히 추진하여 경제개발계획을 통한 고도성장을 이룩하였고 한일국교를 정상화하였으며, 베트남에 국군을 파견하고 새마을 운동을 전개하여 사회기풍을 개혁하는 등의 시책을 전개하였다.

출입국관리업무는 1961년 10월 2일 국가재건최고회의 행정기구개편지침에 따라 종래 외무부에서 관장하던 것이 법무부로 이관되었다. 이로써 출입국관리행정은 종래의 단순한 여권발급업무에 부수한 것으로부터 내외국인에 대한 출입국심사업무와 외국인의 체류를 관리 조정하는 독자적인 행정영역이 확보되어 국가이익과 안전을 추구하는 단계로 발전하는 계기가 마련되었다. 법무부로 이관된 출입국관리업무는 초기에 검찰국에 소속되었다가 1962년 법무국으로 변경된 후 1970년 2월 27일 출입국관리담당관으로 개편되고 같은 해 8월 20일 출입국관리국으로 승격되었다. 또한 1963년 3월 5일 「출입국관리법」이 제정 공포되고 같은 해 12월에 출입국관리직제가 공포됨으로써 본격적인 출입국관리행정체제가 갖추어지게 되었다. 제정 출입국관리법은 외국인에 대한 출입국절차와 함께 국민의 출입국절차를 규정함으로써 내외국인에 대한 출입국심사의 법적 근거를 완비하게 되었다.

1981년 3월 3일 출범한 제5공화국 정부는 '민족화합민주통일방안'을 천명하고 소련을 포함한 모든 공산권 지역에 거주하는 동포들에게 우리 사회를 먼저 개방할 것이라고 강조하고 86서울아시아경기대회 및 88서울올림픽대회의 주최국으로서 이념과 체제에 관계없이 모든 나라에 문호를 개방할 것이라는 정부의 의지를 대외적으로 표명하였다. 출입국관리 당국에서는 이와 같은 대외개방정책을 지원하고 범국가적인 국제행사의 성공적 개최를 지원하기 위하여 출입국관리능력의 강화를 당면목표로 설정하여 이를 적극적으로 추진하였다. 1983년 12월 31일 출입국관리법을 개정하여 체류·관광·통과의 3종으로 구분되어 있던 사증을 통합하여 단일화하는 한편 7종의 상륙 허가제도를 3종으로 통합하여 외국인의 출입국절차를 대폭 간소화하고 외국인의 국내 체류관리제도를 합리적으로 개선하였다. 또한 1981년도에 김포, 김해 등 주요 공항만에 전산망을 구축하여 출입국관리업무를 전산화함으로써 대량 출입국시대의 도래에 대비한 발판을 마련하였다. 이 기간 중 중공민항기 사건 해결 및 월남 난민에 대한 국제법적 처우는 출입국관리행정이 국제적 환경변화에 능동적으로 대응할 수 있도록 하는 데 중요한 경험을 제공하였다.

1988년 2월 25일 출범한 제6공화국 정부는 민족자존과 민주 그리고 통일을 국정지표로 삼고 한반도의 평화체제구축과 통일여건의 조성을 위해 소련·중국 및 동구권 국가 등 북방사회주의국가와의 관계개선을 추구하는 북방정책을 지속적으로 추진하였다. 특히 '민족자존과 통일번영을 위한 특별선언'을 통하여 북한과의 적대적인 대결 관계를 청산하고 민족공동체의 인식을 바탕으로 민족의 공동 번영을 모색하여 북한과 우리나라 우방 국가 간의 관계개선을 적극 돕고 우리나라도 중국·소련 등 공산국가와의 관계 정상화를 추진해 나가겠다는 것을 대외적으로 발표했다.

이러한 정책에 따라 1990년 8월 1일 '남북교류협력에 관한 법률'이 제정되고, 1991년 9월 17일에는 남북한이 동시에 유엔에 가입하였으며, 같은 해 12월 13일 '남북 간 화해와 불가침 및 교류협력에 관한 합의서'가 체결되었다. 이에 따라 1992년 출입국관리법을 개정하여 남북왕래자에 대한 출입국절차에 관한 규정을 신설하였다.

그리고 1989년 2월 헝가리를 비롯하여 1990년 9월 소련과 1992년 8월 중국 등 북방사회주의 국가와 수교가 이루어졌다. 특히 1988년 개최된 서울올림픽은 국가발전의 중요한 분기점이 되었을 뿐만 아니라 김포국제공항 제2청사를 확장 운영하게 함으로써 출입국관리조직과 인원도 크게 증가되었다. 1991년 9월 19일 출입국관리국에 출입국기획과를 신설하여 출입국관리에 관한 기획업무와 법령제도의 조사연구 등의 업무를 담당하도록 하였다. 또한 1992년에는 서울외국인보호소를 신설하여 그동안 외국인 전용보호시설이 없어 출입국관리법을 위반한 외국인을 구치소나 교도소 등 교정시설에 보호하는데 따른 인권침해 논란을 불식하였다. 한편, 북방사회주의 국가와 관계 정상화가 이루어짐에 따라 이들 국가에 거주하는 국민의 권리보호와 출입국편의를 제공할 필요성이 대두되어 1991년 5월 28일 주러시아 대사관에, 1993년 1월 30일 주중대사관에 출입국관리주재관을 각각 1명씩 신설하였다.

1993년 2월 25일 김영삼 대통령이 취임함으로써 탄생한 문민정부는 국가경쟁력의 강화를 국정지표로 삼고 세계화를 적극 추진하는 한편 전반적인 국정개혁을 단행하였다. 출입국관리 분야에서도 이러한 정부의 국가경쟁력 강화를 위한 세계화 정책을 적극 추진하는 한편 행정쇄신을 하였다. 1993년 4월 1일부터 입국하는 모든 국민에게 행해지던 전산검색제도를 폐지하였고 출국 외국인에 대한 전산검색 및 출국심사인 날인을 생략하였다. 1995년에는 여권자동판독시스템Machine Readable Passports을 도입하여 김포공항에 판독기 90대를 설치하여 신속한 입국심사가 가능하게 되었다. 한편, 1992년 12월 3일 우리나라가 국제연합사무총장에게 기탁한 '난민의 지위에 관한 의정서'의 효력이 발생함에 따라 국제협약을 준수하여야 할 의무를 지게 되어 난민 인정에 관한 절차도 마련하여야 하였다. 이와 같은 환경변화에 대응하기 위하여 1993년 12월 10일 출입국관리법을 개정하여 출입국관리제도를 정비하였다. 특히, 출입국관리법에 난민인정제도를 도입함으로써 우리나라는 국제사회의 책임있는 구성원의 역할과 기능을 할 수 있는 기반을 갖추게 되었다.

1998년 2월 25일에 출범한 김대중 대통령의 국민의 정부는 IMF 체제를 극복하고 내외국인의 인권신장을 위한 노력과 함께 이른바 햇볕정책Sunshine Policy으로 남북교류 및 협력을 계속 추진하였다. 출입국관리정책의 입안과 시행에서도 남녀평등과 외국인의 인권보장을 주요한 정책요소로 인식하게 되었다. 특히, 국민의 정부는 IMF 체제를 극복하기 위하여 국내 노동시장 조건을 우선적으로 고려하여 외국인력정책을 수립하였다. 국민의 실업대책의 일환으로 불법취업외국인을 내국인으로 대체하는 것을 기본방침으로 정하였으며, 신규 산업연수생의 도입은 최소화하되 그 방법은 연수취업제도를 채택하는 것으로 정책기조를 정하였다. 이에 따라 정부는 불법체류외국인의 자진출국을 유도하는 한편, 불법체류자 단속을 강화하였다. 이와 함께 정부는 중소기업이 불법취업외국인 대신 내국인을 대체 고용하도록 각종 유인체계를 도입하였다. 또한 국민의 정부는 재외동포에 대한 국내 출입국 및 체류상의 편의를 도모하기 위하여 1999년도에 「재외동포의 출입국과 법적지위에 관한 법률」 이른바 '재외동포법'을 제정하여 시행하였다.

2003년 2월 25일 출범한 참여정부의 외국인정책은 새로운 역사의 전환점이 되었다. 참여정부의 외국인정책은 그동안의 통제와 관리 중심에서 외국인의 처우 개선 및 인권 옹호에 중점을 둔 사회통합 정책으로 전환하게 되었고, 부처별로 단편적인 정책 추진에 그쳤던 것에서 종합적이고 체계적인 외국인정책으로 그 추진체계를 구축하였다. 이 과정에서 다문화사회 형성을 정책목표로 제안하였고 대통령 산하 '빈부격차 차별시정위원회'를 두어 혼혈자와 결혼 이민자에 대한 사회통합 지원안을 제시하였다.

또한 정책 총괄추진의 기틀을 마련하기 위하여 외국인정책의 심의·조정기구인 '외국인정책위원회'를 설치하였다. 외국인정책위원회는 국무총리를 위원장으로 각 부처장관이 위원으로 참석하여 부처별로 외국인정책을 본격적으로 추진하게 되었고, 2006년 5월 26일 노무현 대통령이 주재한 제1차 외국인정책회의에서 결정한 외국인정책기본법 제정 및 외국인정책 총괄기구 설치추진에 따라 2007년 「재한외국인처우기본법」이 제정되고 '출입국·외국인정책본부'가 발족하였다.

제1차 외국인정책회의에서 외국인정책의 비전으로서 '외국인과 더불어 사는 열린사회'를 구현하기 위해 ①개방적 이민 허용을 통한 국가경쟁력 강화 ②질 높은 사회통합 ③질서 있는 국경관리 ④외국인 인권 옹호를 정책 목표로서 제시하였다. 참여정부는 지금까지 외국인 인권 문제, 생활 문제, 법적 지위에 관한 문제 등이 종합적으로 검토된 적이 없었는데 하인스 워드 선수의 방한을 계기로 이 문제에 대한 국민의 관심이 높아져 정책 차원에서 논의할 수 있는 여건이 된 것이라고 판단하였다. 2007년 7월 18일 시행된「재한외국인처우기본법」은 외국인정책에 관한 기본법으로서, 외국인정책 수립 및 추진체계, 재한외국인 등의 처우, 국민과 재한외국인이 더불어 살아가는 환경 조성 등에 관한 내용을 규정하고 있다. 동 법은 비록 기본법으로서의 한계를 가지고 있지만, 단일민족 신화의 유구한 우리나라 역사에 있어 다문화 수용의 방향성을 제시하였다는 점에서 1789년 프랑스 인권선언과 같은 역사적 의의가 있는 것으로 평가된다.

1990년에서부터 2005년까지 한국 남성과 결혼한 외국 여성은 총 16만 명에 이르고, 2005년 국제결혼은 총 결혼 건수의 13.6%를 차지하는 등 외국 여성과 한국 남성의 결혼이 매년 증가하여 국내 거주 여성결혼이민자 가족이 급증하였다. 따라서 대규모 속성 국제결혼중계시스템으로 인한 인권침해 문제뿐만 아니라, 한국 사회와 가족관계에서의 부적응, 여성결혼이민자들이 경제적 어려움, 양육 문제 등으로 고통을 겪는 경우도 다수 발생하게 되었다.

이에 여성결혼이민자 및 그 가족의 생활실태를 분석하고, 여성결혼이민자의 안정적인 정착 및 사회통합을 지원하는 대책이 필요하게 되었다. 여성결혼이민자 가족의 문제가 심각한 사회적 문제로 제기됨에 따라, 2004년 말 여성결혼이주자 가정에 대한 실태조사가 실시되었고 2005년 5월 22일 '외국인 이주여성 자녀의 인권실태 및 차별개선 사항'이 대통령 지시과제로 지정되었다. 이에 따라 정부는 두 차례에 걸쳐 지원 대책을 마련하여 시행하였다. 빈부격차 차별시정위원회에서는 2005년 12월부터 관계부처가 협의하여 전문가 간담회와 베트남·필리핀 현지실태 조사를 거쳐, 결혼 과정상 문제점, 추진체계, 정책관계자 교육방안 등 3차 종합지원 대책을 마련한 후, 2006년 3월 19일 책임 있는 추진을 위해 빈부격차 차별시정위원회 중요정책과제 보고회의를 개최하였다. 이에 따라, 2006년 4월 26일 제74회 국정과제회의에서는 '여성결혼이민자 및 혼혈인·이주자 사회통합 지원 대책'을 확정하였으며, 2008년에는 「다문화가족지원법」이 제정되었다.

하인스 워드Hines E. Ward, Jr.(1976년 3월 8일 ~)는 주한미군이었던 아버지 하인스 워드 시니어와 한국인 어머니 김영희 사이에서 서울에서 태어났다. 가난한 환경에서 어머니의 헌신적인 뒷바라지 덕분에 미식축구 선수로 성공하여 2006년 MVP 상을 받았다. 2006년 슈퍼볼 전후로 대한민국 언론의 조명을 받으면서 대한민국 안의 혼혈인들에 대한 차별과 배타적 민족주의가 없어져야 한다는 분위기 조성에 기여하여, 우리나라 외국인정책 형성에 기폭제 역할을 하였다.

우리나라는 1980년대 말부터 생산직 인력부족이 본격화되었으나 외국인의 국내취업은 출입국관리법에 의거하여 교수(E-1), 회화지도(E-2), 연구(E-3), 기술지도(E-4), 전문직업(E-5), 예술흥행(E-6), 특정활동(E-7) 등 전문기술인력에 한하여 고용계약 체결 등 일정한 체류자격 요건을 갖추 경우 취업을 허용하고, 단순 기능 인력에 대해서는 원칙적으로 취업을 금지하였다. 그러나 경영계의 외국인력 도입 요구가 계속되자 1991년 11월에 산업기술연수생제도를 도입하고 1993년 11월에 산업기술연수제도를 확대하였다. 산업기술연수제도는 외국인력을 사실상 노무에 종사하게 하면서 근로자 신분이 아닌 연수생으로 외국인을 고용함으로써 외국 인력의 편법활용, 사업체 이탈, 임금 체불, 외국인근로자의 인권침해 등의 문제를 야기하였다. 마침내 참여정부는 2003년 8월 16일 「외국인근로자의 고용 등에 관한 법률」 이른바 '외국인고용허가법'을 제정·공포하여 1년간 준비기간을 거쳐 2004년 8월 17일부터 합법적인 단순기능인력 도입제도인 외국인고용허가제를 시행하였다. 2007년 1월 1일부터는 산업기술연수제도를 고용허가제로 통합하여 추가적인 산업연수생의 도입을 중단하고 저숙련 외국인력의 고용은 고용허가제로 일원화하고, 해외투자기업 연수생제도는 순수한 외국인연수제도로 운용하도록 하였다.

2008년 2월 25일 출범한 이명박 정부는 같은 해 12월 17일 외국인정책위원회를 개최하여 '개방을 통한 국가경쟁력 강화', '인권이 존중되는 성숙한 다문화사회로의 발전', '법과 원칙에 따른 체류질서 확립'을 외국인정책의 기본방향으로 하는 '제1차 외국인정책 기본계획'을 확정하였다. 이에 따라 '외국인과 함께 하는 세계 일류국가'를 외국인정책의 비전으로 설정하고, 이를 달성하기 위한 4대 목표와 13대 중점과제를 확정하여 시행하였다. 외국인정책 기본계획은 재한외국인처우기본법에 따라 5년마다 수립되는 외국인정책에 관한 국가계획으로서 체류외국인의 증가에 따른 다양한 정책문제에 대한 대응과 외국인정책의 국가 전략적 활용을 위해 그동안 소관 부처별로 개별적으로 추진해 온 정책들을 중장기적 관점에서 종합적·체계적으로 추진하려는 것이다.

외국인정책의 기본방향을 좀 더 살펴보면, 첫째는 개방을 통해 국가경쟁력을 강화하겠다는 것으로, 전문인력 등 우수인재는 적극적으로 유치하고, 단순 기능 인력은 필요에 맞추어 도입하되 원칙상

일정 기간 이상의 정주를 지양하며, 동포는 사회통합의 용이성 및 한민족 역량 강화 차원에서 입국 및 취업에서 우대하겠다는 것이다. 둘째는 우리 사회를 인권이 존중되는 성숙한 다문화사회로 발전시키겠다는 것으로, 국내 정착 이민자의 증가에 따른 다문화사회의 도래에 대비하고, 개방된 사회의 보편적 가치로서 외국인의 인권을 보장하겠다는 것이다. 셋째는 법과 원칙에 따른 체류질서를 확립하겠다는 것으로, 불법체류자에 대해서는 일관되고 엄정하게 법을 집행하고, 체계적으로 국경을 관리하여 외국인 범죄에 효과적으로 대처하겠다는 것이다.

2012년도에 제1차 외국인정책 기본계획이 성공적으로 마무리됨에 따라 2012년 11월 28일 「제2차 외국인정책 기본계획」(2013~2017)이 '외국인정책 위원회'(위원장: 국무총리)의 심의를 거쳐 확정되었다. 지금까지 「제1차 외국인정책 기본계획」을 통해 우수인재 유치, 이민자 사회적응 지원 등 새로운 정책분야의 범정부적 추진 기반을 조성하고, 인권·다문화·민원편의 제공 등의 가치를 강조하였다면, 「제2차 외국인정책 기본계획」은 「제1차 외국인정책 기본계획」의 지속적 추진과 함께 외국인정책에 대한 국민의 다양하고 상반된 요구들을 최대한 반영하여, 질서와 안전, 이민자의 책임과 기여를 강조하는 균형 잡힌 정책을 추진하는 데 중점을 두었다. 5대 정책목표로서 개방, 통합, 인권, 안전, 협력 등 5대 핵심가치에 따른 정책 목표를 설정하였고, 이를 위한 146개의 세부추진과제를 17개 부처에서 분담하여 추진하기로 하였다.

2013년 2월 25일 출범한 박근혜 정부는 '국민행복, 희망의 새 시대'를 국정비전으로 선포하고 경제부흥, 국민행복, 문화융성을 국정목표로 하며 사회 각 분야의 변화와 개혁을 추구하였다. 이민다문화정책 분야에 있어서는 2012년 11월 28일 확정된 「제2차 외국인정책 기본계획」(2013~2017)에 따라 질서와 안전, 이민자의 책임과 기여를 강조하는 균형 잡힌 정책을 추진하는데 중점을 두었다. '세계인과 더불어 성장하는 활기찬 대한민국'이라는 정책 비전에 따라 체류외국인의 증가가 사회갈등 요인이 아닌 우리나라 발전의 원동력이 되도록 하고, 국민과 이민자가 함께 성장하면서 미래의 경쟁력 있는 대한민국을 만들기 위해 노력을 기울였다.

2017년 5월 10일 출범한 문재인 정부는 '국민의 나라 정의로운 대한민국'을 국정비전으로 5개 국정지표를 설정하고 나라다운 나라만들기에 전념하고 있다. 이민다문화정책 분야에 있어서는 2018년 2월 12일 외국인정책위원회 및 다문화가족정책위원회의 연석회의를 개최하여 향후 5년간 추진할 제3차 외국인정책 기본계획 및 다문화가족정책 기본계획을 확정·시행하고 있다. '국민공감! 인권과 다양성이 존중되는 안전한 대한민국'을 비전으로 하는 제3차 외국인정책 기본계획의 주요 내용은 합리적 개방과 안전한 사회환경 조성, 체계적 외국인 인권보호 시스템 구축, 유학생·취업이민자 성장 및 자립 지원, 외국인 체류 · 국적제도 등 개선 등이다. 제3차 다문화가족정책 기본계획의 주요 내용은 가정폭력피해 이주여성 지원, 결혼이민자의 사회·경제적 참여 확대, 다문화가족 자녀의 안정적 성장지원과 역량 강화 등이다. 특히, 이중 언어 인재 DB를 확충하고, 이중 언어 인재 진출 가능 분야·직종에 대한 정보 자료집 제작과 다문화가족 자녀의 리더십 개발, 사회성 발달을 지원하는 성장 프로그램(다재다능)을 확산을 중점 추진하고 있다.(출처: 외국인정책위원회, 제3차 외국인정책 기본계획)

공직자전문성제고 저서갖기운동본부 소개

2019년 1월 9일 설립된 공직자전문성제고 저서갖기운동본부(약칭 "공저본", 이하 공저본이라 한다)는 입법부, 사법부, 행정부, 교육계, 지방자치단체, 공기업 등 대한민국 60만 공직자를 대상으로 각자의 전문성 제고를 위한 저서 발간 캠페인과 효율적인 저서 발간 방법을 교육하여 체계적인 지식과 지성이 대한민국 공직에 접목되어 정책으로 제시되도록 지원하는 한편, 세계적인 시대적 흐름인 인공지능과 클라우드 기반의 스마트워킹Smart Working으로 일하는 방식의 혁명을 촉진하여 대한민국이 세계주도국가로서 도약하는 데 기여함을 목적으로 하고 있다.

공저본은 공직자를 대상으로 저서 갖기 캠페인과 저서 발간 업무 지원, 공직자 연수기관과 직장교육 등에서 저서 발간 필요성 교육, 국가와 지방자치단체 등 각급 기관과 단체에 스마트워킹 교육과 강의교수 양성, 세미나와 워크숍 개최, 입법부, 행정부, 사법부, 지방자치단체, 공기업 등과 업무 협조 등이다.

창설위원으로는 회장 박동명(한국예산정책연구원장), 이사장 박승주(전 여성가족부 차관), 상임이사에 권영임(도서출판 바람꽃 대표, 소설가), 김완수(국제사이버대학교 교수), 김원숙(전 이민정책연구원 부원장), 문영상(숭실대 소프트공학과 교수), 이건순(전 국립농수산대학교 교수), 이선희(수락고 미술교사), 이정은(휴먼브랜드 인컨설팅 대표), 장황래(동국대 경주캠퍼스 행정학과 교수), 허남식(공저본 상임이사), 황재민(세종로국정포럼 차세대교육위원장)이다.

감사는 박길성(자치경영컨설팅연구소 소장)이고, 우리나라에서 처음으로 스마트폰을 통한 스마트워킹 방식으로 책글쓰기를 주창한 가재산 피플스그룹 회장과 장동익 상임고문이 지도교수로 참여하고 있다.

2018년 12월 20일 공저본발기인총회 모습

편집위원회

· 편집위원장

　황재민 (세종로국정포럼 차세대교육위원장, 한국융합미래교육연구원 원장)

　김원숙 (세종로국정포럼 이민정책위원장, 전 IOM이민정책연구원부원장)

· 집필위원

　구　발 (세종로국정포럼 보험금융위원장)

　김경민 (세종로국정포럼 영어회화위원장, 사단법인 생활경제외국어협의회 회장)

　김완수 (세종로국정포럼 강소농위원장, 국제사이버대학교 교수)

　김원숙 (세종로국정포럼 이민정책위원장, 전 IOM이민정책연구원부원장)

　김재은 (세종로국정포럼 행복만들기위원장, 행복디자이너)

　김철중 (세종로국정포럼 사인미디어위원장)

　류인선 (한국시민자원봉사회 사무총장, 전 서울동신중학교 교장)

　류한영 (세종로국정포럼 치유명상봉사위원장, 인사혁신처 서기관)

　박동명 (세종로국정포럼 지방자치전문위원장, 공저본 회장)

　박형용 (아시아블록체인공공서비스협회 사무국장, 틴소프트 주식회사 대표)

　이선희 (세종로국정포럼 청소년미술위원장, 수락고등학교 미술교사)

　이우숙 (세종로국정포럼 교육위원장, 유한대학교 교수)

　장황래 (세종로국정포럼 울산발전위원장, 동국대 경주캠퍼스 행정학과 교수)

　허남식 (공저본 상임이사)

　황재민 (세종로국정포럼 차세대교육위원장, 한국융합미래교육연구원 원장)

· 편집위원

　권영임 (세종로국정포럼 출판문화위원장, 도서출판 바람꽃 대표, 소설가)

　손태석 (세종로국정포럼 국민건강위원장, 국민건강평생교육원장)

　신용묵 (세종로국정포럼 소비자보호위원장, 소비자정책연구소장)

　윤병은 (세종로국정포럼 국제통상위원장)

　이계봉 (세종로국정포럼 파킨알쯔위원장, 영온무역 대표이사)

　이상두 (세종로국정포럼 운영위원장)

　이정은 (세종로국정포럼 휴먼브랜드위원장, 인다자인 대표)

　조옥구 (세종로국정포럼 효문화선양위원장, 대한효문화선양회 회장)

　최광규 (세종로국정포럼 사회금융위원장)

100년 대한민국의 파트너, 외국인 1919~2019

발행일 2019년 4월 1일

엮음처 공직자전문성제고 저서갖기운동본부(공저본)
발행인 박동명
펴낸이 박승합

편 집 박효서
디자인 김은미
펴낸곳 노드미디어

주 소 서울시 용산구 한강대로 341 대한빌딩 206호
전 화 02-754-1867
팩 스 02-753-1867

이 메 일 nodemedia@daum.net
홈페이지 www.enodemedia.co.kr
등록번호 제302-2008-000043호

ISBN 978-89-8458-327-6 03300
정 가 15,000원